兩位資深會計人教您將會計運用在生活上，
讓你的人生公司經營出**更大的價值**。

超實用生活會計學，怎麼學校都沒教？

會計很難？其實像極了生活！

蕭志怡、水水／著

推薦序一

我與二位作者蕭志怡及水水是資誠會計師事務所共事多年的同事，她們二位在事務所服務期間，工作非常盡責、領導能力出衆，且在會計專業領域的表現也得到客戶及同事的肯定，離開事務所以後在其服務單位也贏得許多的讚賞，而今在工作之餘將會計所學結合工作上的心得將原本生澀難懂的會計概念與生活上結合，將一個人視爲是一個公司而完成本書《超實用生活會計學，怎麼學校都沒教？》，確實具有嶄新的觀點，值得好好去細讀。

我雖然在資誠會計師事務所服務多年，也未曾細想過會計在個人的生活應用，因此如何將會計與人生結合，確實引起我很大的好奇。當細細拜讀過本書後，對於將會計運用作成的公司財務報表融入生活，將個人比擬成一家公司（人生公司），同時去定義人生公司中哪些是屬於資產、負債，哪些是屬於收入、費用，讓我有耳目一新的感覺，例如人的壽命、健康及知識將之視爲人生的一項資產，已經跳脫出傳統會計對資產的定義，但若從人生的觀點，前述的這些資產內涵更能彰顯之於人生的重要價值，而且將壽命、時間、健康等視爲資產，也有另外提醒世人這些資源其實是有限的，當你不好好珍惜去使用，人生公司其實是會提前破產。我想這本書除了提出將人生公司報表化，可以隨時檢視個人的人生財務狀況外，對於讀者另外一個非常重要的意義應該是對於人生如何作好前瞻性的規劃及思考，除了重視會計的平衡外，對於一些無形性的資產例如知識、信譽、人脈等如何持續保值甚至增值，讓人的一生永遠保持正值的淨資產可能更為重要。

這本書不是單純討論會計如何在生活上的運用，作者也不時提醒人生是需要被管理，包括人生目標的生涯規劃、風險的管理等等，如果大家好好細讀，將自已的人生現在的狀態，重新依照本書提出的人生會計概念整理出現有的人生財務報表，一一去檢視哪些資產是欠缺可以增加，哪些資產需要持續強化，哪些資產可以再繼續投資使之增值，尤其是一些無形資產是容易被忽視，唯有身心健康才能讓所有人生資產保有持續的價值，而除了保持身體健康，其他心與靈的平衡投資也同等重要，人類大半輩子都在追求財富、房子、汽車等有形資產，卻花很少的時間及資源去創造其他無形資產以及培養心與靈的提昇，其實大家也都同意財富夠用就好了，但如何讓我們的生活過得更有意義，本書有關的人生會計篇章應該更值得去細細品讀和思維，如同商業公司在考慮追求盈餘的同時，也要兼顧利害關係人的利益，比之人生，除了考量自己的利益外，也要同時有他利的思維，自利的同時也可以利他，則人生的生命會更具有意義。

這是非常有意義的一本書，我相信作者也是具有利他之心而寫下這本書，能夠在此為之寫序感到無比的歡喜，希望大家讀後都能受用。

資誠聯合會計師事務所合夥人

楊明經

推薦序二

我從事公職近40年，其中有大半時間都在擔任單位主管，也管過政府營業基金，也擔任過公營公司董事多年。每年財報、決算總是讓我耗盡心力，勉強聽取財務部門的解說，多年來對會計報表還是一知半解，難窺全貌。

蕭志怡和水水最近推薦我在她們出版《超實用生活會計學，怎麼學校都沒教？》大作前，讓我先睹爲快，一個非會計專業的人士，如何可以快速有系統的瞭解會計基本概念。

但是看完她們的大作之後，我想推薦這本書重要的原因是；這本書不只是一本結構整齊，理論與實務兼備的知識書籍，兩位作者以會計學爲基礎出發，由生活的角度爲我們的「人生經營」提供不一樣的思考方向；人生成長過程中，從懵懂無知出發，一直到十幾年的學習期，我們學習了各種不同的專業和生活知識，人生也逐漸變得成熟、懂得進一步思考未來。

蕭志怡和水水重新組織人生學習的歷程，以企業經營的方方面面表現來看人生學習，公司經營與人生經營有許多相似或相悖之處，公司財務有制度可推進，個人何嘗不可？人生可以儘早做好經濟與生涯的整體規劃，調整自己所需具備的各種知識，未來的路也就才更明確、更穩妥。這是一本適合年輕朋友閱讀的生活好書，在這本書裡面，不僅告訴大家會計學不是呆板乏味的理論知識，而是能與生活融合在一起的一門有趣、有用的知識。

個人願意推薦大家閱讀這本書，主要也是期許年輕朋友的人生公司也都能創造出有系統的獲利，以及亮眼的經營成果。大家更可以放鬆心情，或許你是一個會計外行人，對於進入會計殿堂或有陌生的畏懼，對於會計認知感覺有點艱澀，不過本書在蕭志怡和水水像是演奏一首協奏樂曲般的引領下，配合活潑的生活應用實例說明，相信能夠幫助大家快速地一則瞭解會計概念，一則知道如何掌握與應用會計知識在日常生活中。

看官諸君；請打開密閉的會計緊窗，請大家先拋開對傳統會計的八股偏見，像是參加一場音樂會般，細細輕輕的品味書中悅耳樂曲。

新北市政府交通局局長

鍾鳴時

目錄CONTENTS

目錄CONTENTS

前言・八股會計穿越奇妙生活

先說說爲什麼想寫這本書好了，其實人生會計的想法是起因於逢甲大學賴炎卿教授，他是一位很有想法的老師，有一次與老師的聊天中聽他提到，他在逢甲大學開了一門通識課——「生命會計」，內容就是把商業公司所運用的會計概念套用在生命公司中。當時雖然不知道老師上課的具體內容，但是心理已經燃起極大的興趣，因此我就按照自己對於生命公司的理解，也寫了一份自己心目中的教學大綱向學校申請開了一門通識課——「人生會計」。在向學校申請開課通過後，我請同事們猜猜這門課在說些什麼？得到的答案五花八門，有的人猜是會計中的生物資產相關帳務處理，有的人猜是關於保險的課，也有的人想了一想說：你眞是很會包裝啊！這是算命課對不對？我不得不佩服同事們的想像力啊！

這門課就這樣開始了，我問同學們爲何會來選這門課呢？結果不出預料，絕大部分的學生選課前都不看教學大綱的，所以也並不知道這門課主要內容，許多非會計系的學生說因爲他們以前對會計這門課有些好奇，所以選了這門課，會計系的學生則是以爲這也是一門會計專業課，那麼以他們既有的專業基礎應該可以得心應手，還有學生問是不是介紹一些會計界名人的人生奮鬥過程呢？……果然與我的教學大綱相距十萬八千里啊！

許多學科都是基於人類生活問題而發展出來的，所以學習每一門學科的知識都應該能夠在生活中運用，而不是只有用來應付考試拿學分的功用；還有許多學科的道理也是相通的，一門學科基礎打好，也能有助於其他學科的理解；例如希臘哲學家畢達哥拉斯（Πυθαγόρας），他不僅是一個哲學家、數學家，也是音樂理論學家，他把數學的理論運用在音樂理論上，提出畢氏音程（Pythagorean interval）的理論，自此有了八度音（Octave）的概念，爲之後的西方音樂學理論提供很重要的基礎。好好體會自己的專業，即使將來的工作與所學專業無關，但是很多其中的道理也是能運用在其他工作上或是日常生活上的。比方：學了內部控制，雖然不當稽核，但是你可以將控制環境、風險評估、控制活動、資訊與溝通、監督這內部控制五要素運用在自己工作崗位的工作處理，甚至養魚、種花日常生活的事務中。還有行銷專業的學生畢業後即使不從事行銷工作，也能夠將行銷方法用在建立自己的個人品牌上。幾年前，我學習古琴的弦耕琴社舉辦古琴講座，邀請馬來西亞黃德欣老師主講，黃老師說要把琴彈好就要多看書，什麼書都可以，我很好奇，難道看書法的書也能讓我把琴學好嗎？黃老師說當然可以！書法的點、橫、豎、鈎、挑、彎、撇、捺、按等筆法不就像是音樂的抑揚頓挫嗎？

很多學生在大學四年中上了幾十門專業課程，但卻不知道這些課程相互之間有何關聯？這個科系爲何要開這些課程?卻只把這些當作拿到畢業證書過程的工具，只要有60分就過關了。竟不知道這是最浪費時間、精力與金錢的一個賠錢買賣。雖然我自己年輕的時候並沒有想通這個道理，所以白白耗費了很多寶貴的時光，在後續的人生中我花費了很多時間盡力去彌補。現在我也成爲了一名教師，總希望能把以前自己的經驗分享給同學們，希望他們能夠早些明白道理，避免走了彎路。我自己雖然年輕時也不喜歡會計，但一直從事會計領域的工作，這三十多年的心路歷程從害怕到不討厭再到認同並且產生興趣，我自己都覺得好奇妙。結合了我對會計理論與實務的理解與體驗和我到目前爲止不長不短的人生經歷，我想著將會計學運用在商業公司治理的實務經驗套用在生活中，漸漸的體會到原來人生也是可以當作一個商業公司來經營的呀！我也希望各個專業的學生，都能用心體會自己所學的所有課程，我相信每門學科都有它的有趣之處。

在開課的兩個學期中，和學生們的互動啟發了我更多的想法，加上目前市面上尚未發現這類的書籍，萌生了想要把上課內容寫成一本完整的書的想法，因此我找了以前在資誠會計師事務所志同道合的老同事一起完成這個計畫，畢竟我們都是會計系出身，也都從事會計相關工作大約30年了，對於會計專業以及人生體驗都有了一些自己的心得。既然會計學能運用在公司經營管理也能廣泛應用在個人生活管理，希望此書能夠幫助正在學會計的人、害怕會計的人或打算學會計的人，更輕鬆的學習、理解會計理論及實務。而對於非會計領域的讀者，也能用同樣的邏輯，將艱澀枯燥的學科與生活經驗做結合，讓學習更輕鬆、更有趣也更有價值，找到自己專業領域對人生治理的啟發跟生活經驗的連結。

這本書的出版是對於從事會計專業與生活至今的體會，在書中我們兩位作者都穿插了一些自己的親身經歷作爲例子，希望能用日常生活來解釋枯燥的理論，我們二人的生活經歷與個性都不相同，希望盡我們所能提供給讀者更多的思考角度來看事情。世界很大，我們兩個筆者的生活並不能代表所有人的生活，但是希望本書的內容能夠帶給年輕人一些對未來規劃的思路，至於最後要如何做，當然每個人的決定都不會一樣，就像財務指標的公式雖然相同，但不論是對於不同行業、或是相同行業不同經營條件、還是相同公司的不同時期，這些指標的資料對他們來說的意義都不同！在生活中，每個人都過著不同的人生，每個時期的想法也會有所轉變，也因爲這樣，世界才會多彩多姿！

每門學科的畢業生都有屬於自己學科憧憬的工作目標，就拿會計系來說，四大會計師事務所（Pwc、KPMG、EY、Deloitte）是會計人憧憬的就業目標。然而，我們更希望讀書的目的不只有找到一個行業中的神仙工作，而是更期望大家都能從所學的專業中觸類旁通，運用到生活中。就像會計人卽使沒有從事會計工作，但是能從會計中發掘人生智慧也是一件很值得的事情。接下來請大家以輕鬆的心情來閱讀這本書吧！

第一章 雖然有點枯燥，可是一定要懂的會計基本概念

一開始，想問問大家知道「會計」是什麼嗎？很多人直覺會計就是一門很艱澀枯燥的課程，認爲會計就是記帳。這個問題我曾經問過很多會計系的學生，大部分也只能說些學過的片段。其實我自己在大學會計系四年之中也說不出個所以然，但是總結自己從事會計工作多年的經驗，我認爲簡單來說，會計可分爲兩個層次，第一層就是大家常說的「記帳」，用專業一點的說法就是：「把公司所有的交易轉化爲貨幣，用財務報表的形式呈現出來。」會計的主要產物就是四大財務報表，分別是**資產負債表、損益表、現金流量表與股東權益變動表**。因爲現金流量表與股東權益變動表的資訊都已涵蓋在資產負債表與損益表中，所以這本書的內容會以資產負債表和損益表爲主。在這一章節中，先跟大家簡單介紹一下會計的概念、報表內容和報表的功能。

首先介紹的是資產負債表，這個表的內容是每個會計週期結束那一天（可以是月底、季末或是年底）公司的財務狀況，包括資產、負債與業主權益三個部分。資產的定義是指一個企業對其擁有所有權的經濟資源，能以貨幣衡量，並預期未來能爲企業帶來效益的，所以簡單來說，資產就是能夠爲個人或企業帶來收益的東西，包括現金與銀行存款、應收帳款、股票、存貨、土地、廠房、各種設備、專利權、特許權等等；負債則是指因爲過去的交易或事件，而有在未來償還的義務，包括銀行借款、賒購還沒付款的應付帳款、應付未付的費用例如應付薪資等等；股東權益也稱爲業主權益，指股東對資產清償所有負債後剩餘價值的所有權，簡單講就是股東投資公司的錢和公司從設立以來淨賺到的錢。三者的關係綜合來說，可以概括爲，公司資產的全部來源就是公司向銀行或其他債權人借來的錢、向股東借來的錢和自己賺的錢，所以資產必定等於負債加業主權益。這就可以解釋會計最基本的「借貸平衡」原則——「有借必有貸，借貸必平衡」。關於借貸的概念簡單來說就是資產類（資產負債表的左邊）科目增加就要借，減少就要貸；負債與業主權益類（資產負債表的右邊）科目增加就要貸，減少就要借，而借與貸的金額一定要相等才行。如果你是非會計專業的人，可能覺得借貸原則聽起來很難懂，但是我想用生活的概念來解釋這個原則的內涵，就是「**你擁有多少資源，那就相對必須承擔多少的責任與付出，而這些資源創造的收益，又將成爲你的本錢**」。資產負債表的格式就如同下表1-1。

表1-1 資產負債表範例

XX公司20XX年12月31日資產負債表

會計科目（借方）	金額	會計科目（貸方）	金額
資產		負債	
現金及銀行存款	1,000	銀行借款	10,000
應收帳款	2,000	應付帳款	9,300
短期投資	1,500	應付費用	3,500
存貨	10,000	其他應付款	1,000
其他應收款	2,500	負債小計	23,800
預付帳款	800	**業主權益**	
固定資產	30,000	資本	30,000
在建工程	15,000	各項公積金	5,000
無形資產	3,000	未分配利潤（前期保留盈餘）	2,000
其他資產	1,000	未分配利潤（當期利潤）	6,000
		業主權益小計	43,000
合計（註）	66,800	合計（註）	66,800

註：資產合計數等於負債加業主權益合計數，即借貸平衡。

所有資產可以說是運用右邊的各項負債及股東投資的資源所創造出來具有經濟價值的成果，所以總資產必定等於負債與業主權益的總和。

公司向銀行借錢或向供應商、員工賒購取得貨物或勞務供銷售營利。

公司向股東借來的錢和自己淨賺的錢。

我們現在所用的記帳法稱爲「複式記帳法」，也就是說當一個交易發生的時候，不是只有一個會計科目有變動，而是同時有兩個會計科目都會變動，所以每筆交易的會計分錄都是有借有貸，而且借貸金額要相等的。那麼我們可以歸納一下，資產、負債與業主權益三者的變動共有六種組合：

第一種是同時有資產的增加與減少，例如用匯款的方式買了原料，會計分錄就是：

借：存貨（原料）10,000

　　貸：銀行存款　　10,000

第二種是資產與負債同時增加，例如用賒購的方式購進商品，會計分錄就是：

借：存貨（商品）15,000

　　貸：應付帳款　　15,000

第三種是資產與業主權益同時增加，例如股東注資匯入到公司銀行帳戶，會計分錄就是：

借：銀行存款　1,000,000

　　貸：股本　　1,000,000

第四種是同時有負債的增加與減少，例如長期負債一年內到期的部分轉爲短期負債，會計分錄就是：

借：長期銀行借款　200,000

　　貸：短期銀行借款　200,000

第五種是同時有業主權益的增加與減少，例如發放股票股利，會計分錄就是：

借：未分配盈餘　50,000

　　貸：股本　　50,000

第六種是負債增加同時業主權益增加，例如宣告發放現金股利，會計分錄就是：

借：未分配盈餘　30,000

　　貸：應付股利　　30,000

上述六種情況，每一交易都組成一個會計分錄，有借有貸，且借貸金額相等！

接下來介紹損益表的概念，損益表呈現的是一定期間內的經營狀況，主要組成要素有營業收入、營業成本、營業毛利、銷售費用、管理費用、研發費用、營業利潤、營業外收入、營業外支出、稅前利潤、所得稅費用以及淨利潤。

營業收入是指公司主要營業項目的銷售收入，營業成本是可以直接歸屬於銷售產品的成本，以製造業來說就是直接原料、直接人工與製造費用，而營業收入減去營業成本就是營業毛利。

銷售、管理與研發費用統稱爲營業費用，和營業成本不同的是，並非直接歸屬於特定產品，而是歸屬於發生的會計期間，與營業收入沒有明顯的比例關係，舉個例子說明：

一張桌子的售價是100元，製造一張桌子的成本60元，其中原材料40元、人工15元與製造費用5元；若賣兩張桌子則銷售收入200元，成本120元；成本率都爲60%。而營業費用則不管是賣一張桌子或兩張桌子有可能不會產生太大差異，不會隨銷售量等比例增長。

銷售費用是銷售部門運作產生的費用，主要工作是爲了執行產品的銷售計畫而存在；管理費用是管理部門產生的費用，包括採購部、人力資源部、會計部、總務部等等，屬於公司營運的後勤單位；研發費用則是研發部門產生的費用，主要是在公司產品和技術的創新方面作貢獻，以保證公司不會在激烈的同業競爭中被淘汰；營業外收入與支出是指正常營業以外產生的收入與支出，比方保險賠償或是天災損失等等；所得稅費用則是依照國家稅法規定，在經營獲利時應繳納的企業所得稅。

當所有收入扣除一切成本及費用後就是屬於公司賺取可以留

存下來的收益，將來可以依照股東的意願決定是否繼續投入公司營運或是作爲股利發放給股東。損益表的範例可參考表1-2。

表1-2 損益表範例

XX公司20XX年1月1日至12月31日損益表

會計科目	金額	
營業收入	75,200	
營業成本	（56,400）	
直接材料		（30,000）
直接人工		（10,000）
製造費用		（16,400）
營業毛利	18,800	
營業費用	（10,500）	
銷售費用		（6,000）
管理費用		（3,000）
研發費用		（1,500）
營業利潤	8300	
營業外收支	（300）	
稅前淨利	8,000	
所得稅	（2,000）	
淨利潤	6,000（註）	

註：收入、成本與費用的差額所結算出的淨利潤會轉入當期資產負債表中業主權益的「未分配盈餘（當期利潤）」中，所以損益表的科目在會計年度結束後就會全部清爲0，不會遞延至下期，因此又稱爲「虛帳戶」，資產負債表科目則是每年累計，所以又稱爲「實帳戶」。

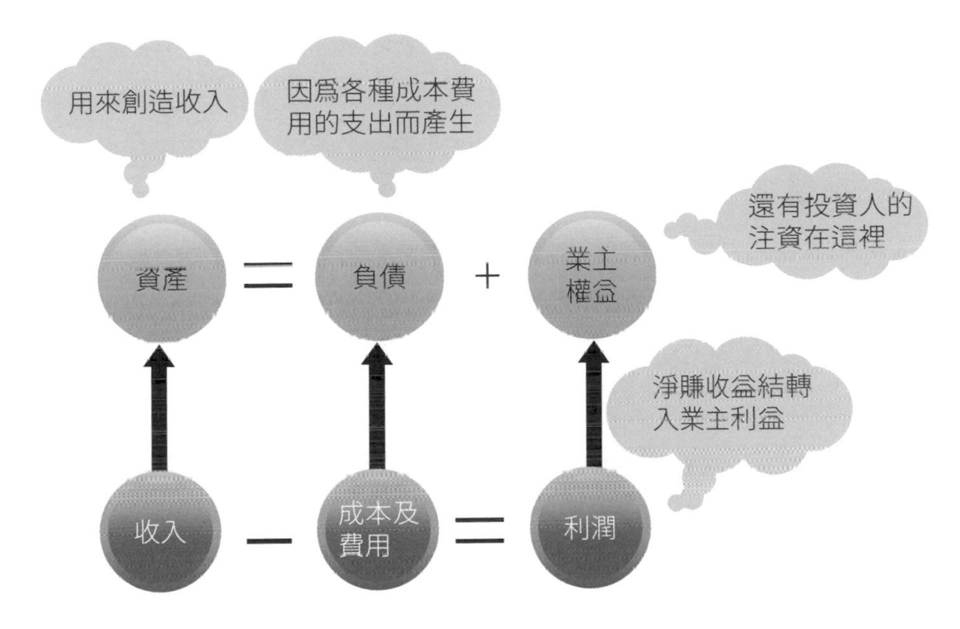

圖1-1 資產負債表與損益表的關係

瞭解了財務報表的內容之後，就可以進入會計的第二個層次，也就是這些報表到底有什麼功能呢？主要功能就是用公認、一致的準則及語言報導公司在特定期間的經營成果及特定時點的財務狀況，讓內部管理者或外部投資人等閱讀者可以透過報表對公司整體的經營狀況一目了然，並且透過這些資料的增減變化或是指標計算來分析經營的問題所在，進而檢討改進。財務報表分析的方法有很多，包括前後期增減變化的比較、同一期不同報表之間的比例變化、同一期與同業公司比較等等；不同的行業有不同特性因此財務比例的標準不能一概而論，比方大型製造業工廠與零售超商的應收帳款周轉率不能以相同標準判斷，製造業與零售業的營業毛利率也無法相比，因此財務分析是需要對公司本身以及整個行業深入瞭解才能具有足夠的敏感度和做出合理性的判斷。

記得我在工作的前幾年，總是認爲自己做會計這行不管到哪個行業、哪個公司都一樣，因爲記帳都是要遵行會計準則，所以我常常在想，爲何自己對公司無法向其他部門同事一樣對公司或對行業有強烈歸屬感，但是後來我才發現是我自己沒有眞正用心瞭解公司和行業，其實任何工作要做到傑出，都是要用心去發掘別人沒有注意到的細節，否則如果我會的別人也都會，那我又如何能要求老闆能特別看重我呢？所以從此我也改變觀念，努力去瞭解其他部門的人的工作，多想想如何能用我的專業去幫他們解決問題。

很多會計從業人員應該都有這樣的經驗，別的部門總是私下抱怨會計部門很「機車」，只會挑毛病、退請款單，雖然我自認爲在每個工作中能和同事們保持良好的人際互動，但是自從我2006年進入九興鞋業集團任職，認識了一位大陸派駐越南廠的同事後，我才眞正的發覺自己做的遠遠不夠，這個同事當時只是30出頭的年輕人，公司將他派駐越南廠擔任會計主管，我身爲內部稽核主管到越南出差，發現這位會計主管竟然可以做到在平時例行帳務做完後，要求所有會計部同仁都要到倉庫或流水線上去幫忙，一方面可以瞭解實務運作的問題，一方面思考如何運用會計的專業幫助前端部門解決問題，他所管理的會計部門很接地氣地做到了當現場部門看到會計人員到來，都認爲會計不是來找麻

煩，而是來幫助他們的！這是我至今都很敬佩的一個同事，確實從他那裡學習良多。

第二章　商業公司與人生公司

商業公司與人生公司的異同——人生也需要經營

大家應該都有聽過一句話，通常用在勸告年輕人的場景：「要好好經營自己的人生。」其實最初我只是覺得怎麼會有人想到用「經營」這個詞呢？但後來終於明白人生與公司都是需要好好「經營」的。我們在學校所學的會計知識都是用於商業公司的經營，會計傳票、帳冊是用來記錄公司經營過程的每一筆交易，財務報表是用來反映公司的經營成果和現金流量，公司的管理者可以透過財務報表看出公司經營的問題進而分析、檢討和思考如何改進。

然而人的一生與商業公司的經營實在有太多的共通點了。我們先來說說人生與商業公司的生命週期和特質有哪些相似與相異之處吧！

1. 法律定位：人在法律上的定位是「自然人」，是基於宇宙的自然規律出生到這個世界上，而公司在法律上的地位是「法人」，是基於各國公司法相關法令「出生」在經濟體系中，雖然不是實實在在的生命，但是與自然人一樣，都有獨立的行爲能力。
2. 存續期限：人的壽命是有限的，根據金氏世界紀錄（Guinness World Records）截至2023年7月28日撰寫日止，全世界最長壽的人是一位女性法國人Jeanne Louise Calment（1875年2月21日～1997年8月4日），

享年122歲又164天（註1）。而公司的存續期限，依照會計原則理論上應該是以「永續經營」為前提，但是因為時代的進步、管理因素等原因，根據韓國銀行2008年一份統計報告指出，目前經營最久的公司是日本一個叫做「金剛組」的家族企業，成立於西元578年（註2），到現在已經經歷1,445年了，他們的主營業務就是修建寺廟。

3. 生命週期：人的一生從嬰兒出生，到兒童、少年、青年，再到壯年，最後成了老年人。就像一個公司最初是申請設立的草創期，然後開始各項業務進入發展期，之後業務開展至穩定階段就是成熟期，最後因為各種新的競爭對手出現而逐漸進入衰退期（當然，公司追求永續經營會努力尋求轉型，那又相當於一個新循環的開始了）。在這個生命週期的過程中，每個嬰兒出生在不同背景的家庭裡，有人含著金湯匙出生，各種資源豐富，成長過程中像個小王子小公主一樣被呵護著，長大後的工作事業也是順風順水，像個天之驕子；但是也有人出生在貧困家庭或戰亂地區，一輩子連書都讀不起，只能在社會的底層庸庸碌碌的活著，又也許一出生就先天不足，一生飽受病痛折磨。這也和設立公司一樣，有的股東是大集團金主，所以在公司經營的過程中，有了集團的資源支援，因此資金不缺，客源不絕，不管要貸款還是要與人談合作，都因為頂著集團招牌的光環而容易的多；但也有人是白手起家，創業過程十分艱辛，甚至中途遇上疫情、戰爭支撐不住就倒閉了。

4. 三觀：「三觀」正，人就正！人的三觀包括人生觀、價值觀、世界觀。所謂的人生觀就是一個人對人生的態度和看法，如果正向積極的看待自己的人生，那麼就會正向積極的做人處事；價值觀則可以說是一個人判斷事情對錯的標準，這與一個人的品格特質有很大的關聯，人品好壞影響一個人的未來發展，有誠信的品格必會受人尊重信賴，所以會吸引來更多願意與之合作的人，當有好的工作機會時，別人也更願意引薦誠信的人去應聘；相反地，誰會想和沒誠信或是愛貪小便宜的人共事呢？再說到世界觀，如果一個人能具備世界觀，那也表示他的眼光長遠，胸襟廣闊，自然人生的發展空間更大！

而一家公司的「三觀」就相當於企業文化、商業倫理（也稱企業倫理）與宏觀程度，企業文化就相當於一個人的人格特性，如果企業文化是誠信，那供應商一定會樂意與之合作，客戶也會得到滿意的產品和服務，從此建立良好的市場口碑和商譽，公司的營運也會越來越好；企業倫理則是在商業環境中的道德標準，對內的勞資關係要和諧、職位層級之間的領導與互動關係協調、經營方式要有職業道德，不能用不正當的手段競爭，對外則要重視對客戶的服務倫理、與同業之間的競爭倫理，例如不能惡意中傷或是以不正當方式挖角、竊取商業機密等等……，宏觀則是說一家公司具有長遠的眼光、用全面性的思維與開放和包容的心胸接受不斷創新變化的知識，那麼這家公司將會永遠走在前端，帶領潮流不被淘汰。

5. 群體生活：沒有人能夠離群索居，即使想要自力更生也需要與人接觸，曾經有個學生問我：老師，我不喜歡與人接觸，我看過一本書上說有一個名詞叫做「孤獨經濟」，是不是說我就單獨一個人也能賺錢呢？其實「孤獨經濟」並不是一個人就能產生經濟收入，而是指賺取「孤獨者」的錢的一種商業模式，簡單舉個例子，以前吃火鍋叫做「圍爐」，因爲火鍋是好多人圍在一起吃的，但是現在有了個人小火鍋，所以如果你只有自己一人也能吃火鍋了；不管什麼行業，總是要有客戶才能賺到錢吧？而且，人到了年紀越大越能體會，**人不能只爲了自己而活，還要爲別人而活**，包括你的父母親友。那麼公司就更好理解了，公司的營運離不開股東、客戶、供應商、員工甚至銀行、國家的支持，公司要隨時隨地掌握趨勢，接收外部資訊才能因應變化調整策略。

6. 主營業務、製造活動與銷售活動：公司爲了製造產品需要投入原料、機器設備和招聘並訓練員工，最終就是希望銷售產品以獲取利潤，爲了順利銷售產品，公司還需要投入很多的推廣宣傳成本，例如銷售人員、廣告費、樣本費等等。就像人從小就在學校學習很多知識，包括專業知識以及品德修養，盡可能在各方面充實自己，畢業後進了社會工作貢獻所學，同時賺取經濟收入，爲了要找到好工作，還可能要參加社交聚會拓展人脈、面試時需要置裝費用等等爲自己做宣傳。
7. 日常管理：公司爲了維持日常運作，須要有制度使各項作業規範化，像是員工手冊、內部控制制度、各種標準化流程等等，包括資金管理、人力資源管理、應急措施、採購管理、銷售管理、生產管理……等等各方面都有了可依循的準則，所以處理事務有條理，還可幫助公司增強風險管理的能力，提高營運效率和效果。就像人一樣，需要作息規律，做好食衣住行的各方面準備，因為有了足夠的營養和強健的體魄，才有精神學習、工作，還有抵抗病毒侵害。

8. 研發活動：公司為了提高競爭力，必須要研發新技術以提升效率，還有研發新產品以領先潮流。同樣地，一個人要能夠不被時代淘汰，在同儕中脫穎而出，當然也要不斷進修，提升自己的競爭力。
9. 長遠目標：公司以永續經營為前提，然而商業環境的競爭日益激烈，公司必須努力領先同業、建立品牌價值，最終實現戰略目標。一個人若要不被社會淘汰，也需要努力超越同儕，展現自己並實現自我價值。
10. 權利義務與社會責任：不論是自然人或是法人，在國家法律的保護下，都享有合法的權利與應盡的義務；公司有貿易自由，但也有繳納企業所得稅的義務，同時也應該在有能力的前提下承擔起社會責任。自然人也一樣，法律賦予人身自由並且保障人身安全，但是也有繳納個人所得稅的義務，和在有能力的前提下，也應該為社會公益做出貢獻。

從上面的各項特質來看，我們每個人是不是相當於一個「人生公司」呢？所以我們就從這本書開始，一起想想我們的人生應該如何「經營」吧！

- 「天生我才必有用」，想想自己在世界上的價值在哪？
- 人的一生有無數的選擇，人生不能重來，你後悔過曾經的選擇嗎？

註1：資料於2023.7.30擷取自網站https://www.guinnessworldrecords.com/world-records/oldest-person-(female)
註2：資料於2023.7.30擷取自網站https://www.kongogumi.co.jp/about_history.html

財務報表在人生公司的應用——把財報融入生活

這一節我們來看看人生公司財務報表的會計科目是哪些內容呢？本書先整理了一個財務報表在商業公司和人生公司內容的對照，可以讓大家先有個概念。

表2-1 財務報表在人生公司與商業公司的對照

	商業公司	人生公司
資產	資金、各種應收款項、存貨、固定資產、無形資產	財產、學歷、知識、經歷、信譽、人脈、健康、壽命（時間）
負債	銀行借款、各種應付款項	借款、人情債、承諾、責任
業主權益	資本、資本公積、法定盈餘公積、未分配盈餘	父母注資、自己淨賺的金錢、成就感、幸福感
收入	產品銷售、其他收入	金錢、成就、幸福
成本	產品成本、其他成本	人的一生中爲追求特定目標而投入的金錢、精力、感情與時間
費用	銷售、管理、研發	交際費、日常生活開支、進修學習支出
營業外收入／支出	正常營業活動以外的收入／支出	中獎、貴人幫忙、天災、意外的損失

人生的各項活動也可以用會計分錄表示，只是不容易將這些活動以數字量化，不過每個人自己的心中都有不同的衡量標準，這裡提供個思路，大家可以用自己心中的標準量化看看！以下用幾個活動做成會計分錄舉例：

● 父母給零用錢（我的帳戶存款增加，這是我的投資人，也就是我父母對我的投資。）

借：銀行存款

貸：資本——父母注資

●熬夜準備期末考（花費了我的時間和熬夜增加的身體負擔來換取課程知識。）

借：課程知識

損耗支出——健康

貸：時間

累計折舊——健康

●努力工作後得到報酬（經濟上獲得了薪資，心理上獲得成就感，無形中也累積了工作經驗。）

借：現金或銀行存款

工作經驗

貸：營業收入——薪資收入

營業收入——成就感

●課程不及格重修

●第一次修課被當掉（學費、教材費和時間都白廢了。）

借：報廢損失——課程知識

貸：壽命（時間）

金錢（教材／學費）

●第二次重修（又花費一次時間、學費與教材才得到知識。）

借：課程知識

貸：壽命（時間）

金錢（教材／學費）

●應酬酗酒（酗酒不僅花錢，還損害了健康甚至縮短生命）

借：損耗支出——時間

損耗支出——健康

損耗支出——金錢

貸：累計折舊——健康

現金或銀行存款

壽命

大家也可以按照以上分錄的思路，想想自己現在的生活中各種行為可以寫成怎樣的會計分錄，試著幫自己編一張屬於自己人生的財務報表吧！

第三章　資產與資產評估

會計學中最重要的兩張表就是「資產負債表」與「損益表」了。首先介紹一下資產負債表的概念，資產負債表中的左邊是公司全部的「資產」，右邊上半部是「負債」，下半部叫做「業主權益」。所謂的資產定義是什麼呢？你可以先回到第一章看看表1-1的資產負債表有些什麼內容再接著往下閱讀。

什麼是「資產」——企業生財的本錢

根據財務報導之觀念架構（The Conceptual Framework for Financial Reporting）的第4章——財務報表之要素中對「資產」一詞所下的定義爲：「因過去事項而由個體所控制之現時經濟資源。經濟資源係指具有產生經濟效益之可能性之一項權利。」。從這個定義中可以看出，要成爲「資產」，必須符合三個要件：第一是未來要能產生經濟效益，也就是現金和約當現金能直接或間接的流入企業或減少現金和約當現金流出企業的潛能。其次，是企業能控制該經濟效益，即企業能享受或支配該經濟效益，而不受他人的干涉。最後則是，控制經濟效益的交易或其他事項（包括：購置、交換、承租、生產、受贈、增值及其他事項）已經發生。

所以，要稱爲「資產」的東西，必定是能爲企業帶來效益的。比方表1-1資產負債表中的「現金與銀行存款」，能夠作爲企業投資的本錢，將來能得到更多的投資報酬；「長期投資或短期投資」則是已經找到投資標的，等待獲利中；「應收帳款與應收票據」與「其他應收款」是在一段期間後就有現金流入企業；「存貨」銷售之後也能使企業有現金流入；「固定資產」是企業用來生產產品銷售之用；「無形資產」帶給公司特定的權利，為公司創造比同業更好的競爭優勢；「遞延所得稅資產」則是可延後支付的稅款，為公司減緩了當期的現金支出。試想：即使公司曾用昂貴的價格購入某機器設備用以生產某種化學類產品，但假若有一天由於環保政策而被勒令停產，再昂貴的機器也無用武之地時，這些機器對於公司來說，只是一堆廢鐵，沒有任何價值了，也就不再是「資產」了。

人生公司的資產有哪些——人生打拼的本錢

將自己的人生視為一家人生公司來經營，當你是自己公司的老闆的時候，想想你的人生公司中擁有哪些可以為你未來帶來收益的資產呢？現在就來好好盤點一下，我們人生公司中的資產有哪些，這些資產可以為我們帶來什麼效益呢？

1. 現金與銀行存款：這不僅是一個人維持生活所需的資金，也是投資與創業的本錢，大家一定聽過一句話：「錢不是萬能，但沒有錢卻是萬萬不能」。所以建議大家不管是不是商學相關科系的，都一定要儘早學習正確的理財觀念和理財方法！
2. 長短期投資：選擇正確的投資標的可以使你的財富快速累積，讓錢來幫你賺錢，而不只是靠自己付出時間與勞力來獲取財富，所以平時也建議大家多多吸收財經相關知識，把手邊可支配的閒餘資金投入好的投資標的，可能會讓你獲得意外的報酬並且更快速地累積財富呢！

3. 學歷與知識：首先，「學歷」與「知識」應該被分為兩件事情來看。「知識」與「學歷」並不完全相等。眾所周知有一句拉丁語格言——「知識就是力量」，雖然沒有很明確的出處（通常認為是英國哲學家Francis Bacon所說的，不過在他的著作中並未有完全相同的說法），但是這個道理卻是毫無疑問的。人的一生不論是日常生活或是工作都離不開各種知識，我們生活和工作中運用的各種技能都是祖先們世世代代累積下來的智慧，而我們現在的生活與工作中，除了運用祖先們留給我們的智慧，同時也正在不斷創造出新的知識留給後世。這些知識讓我們解決了方方面面的難題，並且也是我們將來提升與創新的基礎，因為有了豐富的知識，我們的生活變得更加豐富美好，然而，每個人的知識量不同，有更豐富知識的人，也就能運用更多的知識去優化他的生活。

4. 再說到「學歷」，雖然在普遍的認知上，「知識」越多的人應該也有更高的「學歷」，但是實際上，領著同樣一張學歷證書的人，有可能是60分畢業的（這60分也極可能包含了老師的同情分），也可能是99分畢業的，這兩種人知識含量其實差距很大，能夠把各自吸收的專業知識發揮出來的程度也會十分懸殊，但畢竟「學歷」仍然是人們想要進入某個領域或者工作崗位的一張「門票」，因此也不能忽視了學歷的重要，只是後續就要看每個人被公司錄取後的實力展現情況了，這也就是孔子所說的：「不患無位，患所以立」的意思。

5. 生活與工作經歷：人生的各種經歷都是有價值的，因爲可能在未來的某個時點就會產生作用，人在經歷各種順境逆境或是難題的考驗後，對於心境的改變、智慧的提升、眼界的開闊以及技能的增進都會有所進步，這也是爲什麼總是鼓勵年輕人要多去外面闖蕩，去接觸各種新鮮事物的原因，因爲這些經歷會轉化爲人生智慧，無形中在未來就幫助你度過了其他的困境，那麼，當然這也就是未來獲得收益的基礎。說到這裡，我想到了我愛看的仙俠劇，以前我不知道神仙爲何必須渡劫才能飛升，現在我應該想通了，神仙在人間渡劫就是經歷各種順逆境，只要過了這些考驗，也就是提升了自己的層次！
6. 車子、房子等固定資產：車子是交通工具，爲我們節省了到特定地點的時間與力氣，也讓我們在同樣的時間裡可以到達更遠的地方，開闊了我們的視野，增加了我們選擇的機會。而房子是住所，當我們忙碌一整天後，回到舒適的家可以養精蓄銳，迎接新的一天。而且，房子通常也同時兼具保值與投資的功能。
7. 誠信：孔子說：「人而無信，不知其可也。」就是說，一個人如果沒有信用，那不知道他還能做什麼？明確道出了信用的重要。沒有人喜歡和沒有誠信的人合作，而且如果不誠信的印象在別人心裡已經形成，就很難再挽回。所以美國開國元勳、著名政治家Benjamin Franklin說：「失足，你可以馬上恢復站立；失信，你也許永難挽回。」企業都很害怕自己公司有跳票記錄，因爲如果有的這個記錄，以後很難得到銀行貸款，合作夥伴也不敢再與之合作了。所以良好的信用是與人產生下一次連結的前提條件，絕對是產生收益的重要因素之一。

8. 人脈：現在有許多關於經營管理類的書籍都在強調人脈的重要，還教人如何經營人脈。那麼人脈爲什麼重要呢？在哪些地方需要用到人脈呢？那可眞的太多了！我們在生活中不時會聽到有人問：「有沒有人認識XX公司的人啊？我想應徵那家公司的職位，能不能幫我介紹一下？」、「有沒有人認識XX醫院的醫生？我朋友生病在那家醫院登記不到病床，可以幫忙一下嗎？」、「有沒有人認識XX學校的老師？我想讓我兒子去那家學校就讀，可以幫忙問問嗎？」、「有沒有人認識XX公司的高管？我想和XX公司做生意，可以幫忙介紹認識一下嗎？」可想而知，有好人脈對於促成自己達到某些特定的目標是一張重要的「門票」或是「敲門磚」。

9. 健康：「健康就是財富」！這句話大家一定耳熟能詳。現在的社會，大家養生的觀念越來越普及，注重養生的年齡層也越來越下降，因爲大家都知道只有健康的身體，才有彩色的人生啊！常常聽到許多人在進出醫院之後感慨的說道：「健康眞的很重要，勸大家以後一定要注重身體保養了。」每個人在身體不舒服的時候，做事的過程中都是硬撐著不適，工作和讀書的效率也大打折扣，隨著病情的輕重，還有不同程度的醫療費用負擔，再嚴重點可能都必須休學或是辭去工作了，誰能說健康的身體不是創造收益的資產呢？

10. 時間（壽命）：我們從小到大聽過無數次這些話：「時間就是金錢」、「一寸光陰一寸金，寸金難買寸光陰」。小時候總覺得這些只是陳腔濫調，但是當年紀漸長就越能體會時間的寶貴，人的一生短短不到百年，想做的事情很多，但是人不在了都做不了。有任何想做的事，首要條件就是：人活著！其次就是：珍惜時光，不負韶華。尤其在年輕力盛的黃金時期，年輕人更應該懂得把握時光，愛惜生命、努力學習、努力奮鬥、努力累積經驗，爲將來的美好人生奠定基礎。

資產配置在商業公司與人生公司的應用——別把雞蛋放在同個籃子裡

雖然每項資產都有價值，但是這麼多的資產，必須要做適當的資產配置。在商業公司的經營上，對於資產配置的考量因素普遍是基於資金的流動性、風險考量、行業特性以及財業務決策的輕重緩急等因素。資產可從不同角度進行分類：包括流動資產與非流動資產、有形資產與無形資產等等。流動資產是指一個會計年度之內（通常是一年內）可以變現或被消耗的資產；非流動資產則是指超過一個會計年度才會消耗或變現的資產；固定資產則是像土地、房屋、在建工程及各類設備等。原則上流動資產最低的配置是要有與流動負債相當的金額，也就是**流動比率**（計算公式爲流動資產除以流動負債）必須要大於1。相對於流動資產來說，流動負債就是一個會計年度之內需要償還的負債，所以只要一個企業的流動比率不小於1，我們可以合理相信這個企業一年內的負債可以被償還。

再進一步有人會衡量**速動比率**以確保公司有更好的償債能力，所謂的速動比率就是將流動資產減去存貨與預付帳款之後再除以流動負債，看是否大於1；這是因爲在流動資產中的存貨（包括原物料、半成品與成品）並無法確定一年內都能被銷售，在實務上，的確有不少原料因爲採購決策錯誤而無法使用，以及產品滯銷而跌價的情況，而預付帳款是預先支付購買原料的款項，所以也歸類在存貨中，因此爲了保守起見，用速動比率來衡量公司償債能力更有說服力。

至於長期投資、固定資產與其他資產的配置比例，則視公司對於風險管理、行業特性與整體財業務決策而定。例如：鋼鐵製造行業必須有大規模的生產設備與倉儲用地，因此固定資產占比會很大，但是零售通路業通常收款方式是以現金或是信用卡爲主，且營業點多以租賃方式取得而非自有房產，所以，固定資產的占比相對低很多。

至於長短期投資與投資標的的選擇，則要看公司的投資分析結果與風險偏好，還有資金運用計畫而定了。但是投資標的的選擇，一般會考慮風險因素，所以通常會將資金分散至不同行業或是不同特質的投資標的，以免當外界環境出現變化而對某個行業

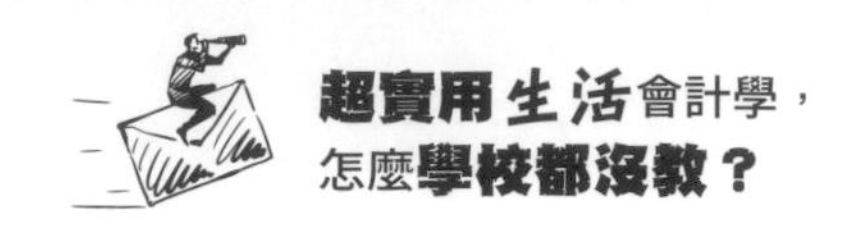

或某特定公司帶來負面影響時，導致大量的投資損失，這也就是「雞蛋不要放在同一個籃子裡」的主要原因。

在瞭解了商業公司對於資產配置的概念後，不妨來想想人生公司的資產該怎麼配置呢？首先我們先來想想人生公司有什麼特性。人生公司就像商業公司一樣有創立期（嬰幼兒期）、成長期（青少年期）、成熟期（成年期）和衰退期（老年期）。人生在不同階段有著不同的心態、不同的能力、不同的追求以及不同的牽掛，因此對於人生資產的配置也會隨之調整。比方在做為學生的時候，日常生活的經濟來源通常家裡會供給，這個時候的任務是好好學習天天向上！爭取學到更多的知識；進入社會之後，累積生活和工作上的歷練、拓展人脈和與人交往中累積良好的信譽和口碑，就是這個階段的主要重點；到了老年期，累積的財富可帶來舒適逍遙的退休生活；然而不論在哪個階段，健康的維持都是首要任務，否則即使擁有再多的財富也享用不到了。

有許多年輕人在就學期間兼職工作賺取零用錢，這是對的嗎？我認爲這應該從兩個方面來看：第一方面是如果家庭經濟有困難，因此學生必須在就學期間負擔家計與自己的學費，這個學生願意付出更多的精神兼顧學業與賺錢，那麼他是一個比同齡人更成熟的人，無形中具備了比同齡人更大的毅力與勇氣，也能提早累積自己的生活經歷，這並不是壞事。然而另一方面，若是學生單純不願學習，只想逃離課業而去賺取玩樂的零用錢，那麼他不僅無法累積知識，還浪費了自己寶貴的時間，也無法累積有意義的生活經歷，心態並不成熟，也無助於未來發展。

我常聽到有學生說他們並不喜歡目前所學的專業，但是卻只是一味逃避而沒有與父母溝通，即使勉強畢業拿到畢業證書也無法在所學專業上發揮所長，再者，自己心理所愛的專業並沒有付諸行動去學習，只是在心裡不斷的抱怨和後悔，讓自己在遺憾中過一生，這是一件多讓人感到可惜的事呢！

不同的人生階段有不同的人生功課，**把握對的時間做對的事**，好好累積人生資產，就如年輕時適合學習、畢業後應該努力工作累積經驗、有了足夠能力後可以爲自己累積豐富的經濟收入，隨著年齡越大，想要努力學習、努力工作就難免心有餘而力不足。還有不要忽視了需要長期耕耘維持的人生資產，例如健康和信譽，做好資產規劃，才能順利達成人生目標與豐富生活品質。

資產評估——吃飯的傢伙得好好保護

前兩節我們介紹了商業公司的資產與人生公司的資產，但是資產並不是永遠保值的，如果不好好維修保養，也是會出現貶值的危機的啊！所以這一章就要來談談「資產評估」了。首先我們應該先瞭解資產評估的概念，顧名思義，資產評估就是對資產重新估價的過程，資產評估必須經由專門的資產評估機構或是資產評估師，依照當地資產評估相關法令和公允的標準，運用科學的方法，在特定的時點也就是評估基準日對資產進行價值的估算行爲；因此資產評估有幾個特點：

第一是具有**市場性**，因爲價值的產生是因爲有供給也有需求，並且由市場機制決定了成交價格並有了交易行爲，也就是所謂的市場價值。

第二是具有**現實性**，因爲資產評估是基於特定的時點也就是所謂的評估基準日當時的客觀條件下做出評價，並不會考慮以往的價值的高低，例如購置鄉下房產時成本低廉，但是評估基準日當時周邊已有地鐵運行，那麼評估出來的價格就可能比購入成本多了好幾倍。

第三是具有**預測性**，由於資產的價值是由預測未來產生的收益而決定的，我們在資產定義中有提到，資產負債表中所謂的「資產」就是指公司有所有權且預期在未來可以爲公司帶來收益的資源；那麼購買者願意支付多少成本買入這個資產就表示購買者認爲買入這個資產後將來可以產生多少收益，不然誰願意花錢買一個無用的東西呢？所以預測性就是說以評估基準日的時點，預測這個資產未來能帶來多少收益，那就是資產當時的價值。

第四是具有**公正性**，這包括人員立場的公正與評估標準的公正兩方面；在評估人員立場的公正性來說，資產評估需要由專門且獨立的機構或人員來進行，否則評估出來的結果就不可能被採信，因爲若站在買方立場來看，聘請專業人員來評估必定希望價格評得越低越好，而站在賣方立場來看，則是希望評估的價格越高越好，所以如果評估機構或是評估人員不獨立，評估出來的結果也不具有公信力，因此在資產評估的法規上，對評估人員獨立性有相關規定；在評估標準的公正性來說，評估的過程需要有科學系統的方法，客觀的選取比較標準，因此資產評估使用的方法包括市場法、成本法與收益法等等，一般評估報告也會以兩種以上的方式進行估算，再依照待估資產的性質與各種客觀條件決定

最後的評估結果。

第五是具有**諮詢性**，這是指資產評估的結果對於買賣雙方並無強制性，而僅是作爲參考之用，也就是說如果最後成交價格並不需要與評估報告金額相同。

資產的價值會隨著環境與時間變化而可能產生增減，比方專利權雖然可以讓持有者有某種特有技術的使用權或產品的生產權利，但是競爭者同樣在不停地進步，如果外部競爭者的技術或設計產品更受到歡迎時，那麼專利權也無法帶給持有者任何效益，也就是說這個無形資產也就是專利權尚未到期，但價值已大幅跌落甚至沒有價值了。但也有可能由於所處環境變化，造成持有的資產身價暴漲，比如說平時生產口罩的機器價格並不高，但是新冠疫情的爆發造成口罩需求大增，因此生產口罩的機器價格也相應提高了。所以在會計準則中也有與資產價值評估相關的規定，例如國際會計準則（International Accounting Standards；IAS）第 2 號「存貨」（IAS 2）：「存貨應以成本與淨變現價值孰低衡量。企業應於各後續期間重新評估淨變現價值。若先前導致存貨價值沖減至低於成本之情況已消失，或有明顯證據顯示經濟情況改變而使淨變現價值增加時，沖減金額應予迴轉（即迴轉金額以原沖減金額爲限），故存貨之新帳面金額爲成本與修改後淨變現價值孰低者。例如，因售價曾下跌而以淨變現價值列報之存貨項目後續仍持有而其售價已回升者，即屬於該情況。」

資產評估的方法普遍有三種方式：**市場法**、**成本法**與**收益法**。不論用哪種方法，目的都是在特定的評估基準日的各項客觀條件下去客觀衡量出這個資產未來可創造的收益。我們現在就來介紹這幾種方法：

1. **市場法**：顧名思義，市場法就好比在市場買菜，婆婆媽媽們總是會在不同攤位比比價，問老闆「這怎麼賣啊？」經過多方比較之後，最終選定認爲最划算的那攤成交！所以市場法的原則就是確定要評估的物件後，在公開活躍的交易市場中選取幾個具有代表性的已成交案例作爲比價基礎，再對交易案例與待估案例的產品中以差異的部分包括品牌、功能、新舊程度、產品瑕疵……等等，進行綜合考慮對價格的影響後，最終就能評估出待估物的價值了。舉個例子來說：我想知道我住了10年的房子值多少錢？那我可以參考隔壁社區近期成交的實際房價約每坪新臺幣15萬元，再考慮到近期成交的那個案例靠大馬路比較吵，我的房子沒有臨馬路比較安靜所以每坪可提高新臺幣5,000元，又考慮到我的房子裝潢比較新，每坪價值約可較參考案例高1,000元，但是隔壁社區的參考案例建設公司品牌較有名，依照普遍行情可比我的社區建設公司每坪高8,000元，因此綜合這些因素調整後，我的房子評估結果爲一坪新臺幣14.8萬元。
2. **成本法**：成本法的評估方式則是先確定要評估的資產重置成本後再減去三種貶值（即實體性貶值、功能性貶值與經濟性貶值）；重置成本的意思是要估價的資產若在評估基準日重新買一個全新的所需成本，比方我三年前因爲工作需要以新臺幣25,000元買了一台A品牌的B型號筆記型電腦，而現在要重新買一台同品牌同型號的全新筆記型電腦

只需要18,000元，那這18,000元就是重置成本。在這裡要補充給大家的另一個知識點是，重置成本又分爲復原重置成本與更新重置成本，復原重置成本是指在評估基準日要百分百按照當時的工藝、設計、原材料等等將評估物進行復原的總成本，通常是比評估日更貴的，比方現在如果我們要用古代一模一樣的工藝、設計和原材料去重新建造一座一模一樣的圓明園，一定會比圓明園當時建造的成本更加昂貴，因爲那些工藝可能傳承人已經所剩無幾，相同的原材料也非常稀有了。而更新重置成本是指在評估基準日時要重新購置一個功能與被評估物相同的成本，通常是比被評估物當時取得成本更便宜的，因爲技術不斷進步，產能越來越大，替代材料越來越容易取得，因此功能一樣的東西，價格也越來越便宜了，所以有沒有發現有時候東西壞了拿去修理，但是維修店就勸你直接買台新的更划算，就是因爲技術進步太快，舊的東西都已經不值錢了。而實體性貶值就是指損壞部分的價值還有用了一段時間後的折耗價值；功能性貶值則是在這三年間由於技術進步等因素，導致我的電腦與新型電腦要處理同樣的工作卻要比新型電腦多花費的成本，比方多耗的電或時間成本；經濟性貶值則是由於外部的因素造成了資產的閒置或是收益減少，比方我的這部筆記型電腦在三年後仍是當時技術與功能最頂尖的電腦，但是我因爲買了電腦後不久就換工作了，電腦也因此不再使用，那我原本預計買了電腦可以得到的收益都沒有了，這些與當時預期收益的差額就是經濟性貶值。

3. **收益法**：收益法是不管以前用了多少成本得到這個資產，評估者只關注在評估基準日的這個時點來看，未來這個資產能帶來多少收益？那這個資產就值多少價值。比方我手上有一塊地，10年前以新臺幣20萬元買入作爲耕種之用，每年約有5萬的收益；但是現在因爲周邊發展越來越熱鬧，我已有了明確的開發計畫要將這塊地開發爲一個停車場，且經過市場調查，預計這個停車場總收入扣除相關改造與管理成本後，收益金額每年有60萬，那麼這塊地的評估價值便是每年60萬收益折現值的總和。

在國際會計準則第 36 號「資產減損」（IAS 36）中也有明確規定企業資產若出現以下現象時，應認列減損損失，於評估是否有任何跡象顯示資產可能已減損時，企業應至少考慮下列跡象：

1. 外部來源資訊：（a）有資產之價值於當期發生顯著大於因時間經過或正常使用所預期者之下跌之可觀察跡象。（b）企業營運所處之技術、市場、經濟或法律環境或資產特屬之市場，已於當期（或將於未來短期內）發生對企業具不利影響之重大變動。（c）市場利率或其他市場投資報酬率已於當期上升，且該等上升可能影響用以計算資產使用價值之折現率，並重大降低資產之可回收金額。（d）企業淨資產帳面金額大於其總市值。
2. 內部來源資訊：（a）可取得資產過時或實體毀損之證據。（b）資產使用或預期使用之範圍或方式，已於當期

（或將於未來短期內）發生不利於企業之重大變動。該等變動包括資產閒置、計畫停止或重組資產所歸屬之營運、資產計畫在原預計日期前處分、資產經重新評估由非確定耐用年限改爲有限耐用年限。（c）自內部報告可得之證據顯示，資產之經濟績效不如（或將不如）預期。

3. 來自子公司、合資或關聯企業之股利：針對投資子公司、合資或關聯企業，投資者已認列來自該投資之股利，且所取得之證據顯示：（a）該投資在單獨財務報表中之帳面金額超過被投資者淨資產（包含相關商譽）在合併財務報表中之帳面金額；或（b）股利金額超過子公司、合資或關聯企業宣告股利當期之綜合損益總額。

所以，資產的價值並非一成不變，我們應該要注意資產的保全與價值維護，才能使未來的收益不會在無形中減少了。

資產評估在人生公司的應用
——要保值的不只有金錢投資

在前面我們介紹了人生公司中的各種資產，這些資產的來源包括父母、親友或是通過自己努力累積來的，對我們的人生都是寶貴的資產，應該要好好珍惜，也要時時檢視這些資產有沒有減值的跡象，以及我們應該如何維護並提升這些資產的價值。依照先前IAS 36所提到檢視資產是否減損的標準，也可以應用於檢視人生公司的資產。檢視的重點因人而異，但我們可以大致以下列重點作爲判斷基礎：

1. 現金與銀行存款：近期是否有感覺到明顯的通貨膨脹或物價攀升？現在的錢比以前無形中變「小」了很多，或是銀行存摺上的金額越來越少，甚至目前預想到需要的花費都不夠用了呢？那麼是否應該考慮進行理財？或是兼職增加收入呢？
2. 長短期投資：有沒有定期關心自己投資標的包括基金、股票等等的績效與價值變化，以及目前利率和匯率的變動情形呢？還有，有沒有關注財經方面相關新聞，想想與自己投資標的相關的影響呢？如果發現有負面影響，就應該考慮如何處理自己的投資標的，不然只能眼睜睜的看自己的財富縮水啦！
3. 學歷與知識：我現在的知識足夠嗎？對於我現在遇到的任何問題，我的知識足夠用來解決問題嗎？我的學歷太低嗎？找工作的時候，能符合公司的要求嗎？如果大部分的

答案是不能，那麼你是否該考慮進行哪些方面的進修來提升自己了呢？

4. 生活及工作經歷：當我和別人聊天時，我的眼界或格局是否遠遠不夠？我身邊的朋友是否比我更瞭解這個世界並且他們因此獲得了更好的工作或更好的生活？我自己目前有擁有的經歷能在什麼地方應用上呢？運用這個經歷產生的效益是什麼？如果我的經歷運用發揮的成效太少，那麼我是否該考慮離開我的舒適圈，到外面去歷練以增廣見聞了呢？
5. 車子、房子等固定資產：我的車子房子是否太老舊？有無安全顧慮？是否該做維修或是報廢，甚至換新了呢？
6. 誠信：我是否能永遠與人誠信以對，永遠不欺騙，不占人便宜？我身邊的朋友對我是否信任？他們是否願意與我交往、交易或交流呢？當我們交往、交流或交易一兩次後他們與我繼續交往、交流或交易的意願高嗎？如果大部分答案爲「否」，那我們是不是該檢討自己的行爲並且對自己的行爲做出改變了？
7. 人脈：我的生活圈是不是太封閉了？認識的人也都在一樣的生活圈裡，每天大家談論著日復一日不變的話題？我會嘗試著擴展我的生活圈去和不一樣領域的人溝通交流嗎？他們也願意與我交流或交往嗎？我們也能維持不錯的關係嗎？如果答案是否定的，我們也應該考慮該如何改變自己的生活與交友方式，也同時拓展了人脈。
8. 健康：我平時有沒有生理或心理的不適感？我健康檢查的

各項指標正常嗎？我平時有沒有鍛煉身體的習慣和健康的飲食習慣呢？身體與心理的健康都是同等重要的，如果出現了問題，一定要及時治療或調養。

以上這些檢視的結果，我們可以用資產評估提到的三種方式來衡量。現在我們就分別用市場法、成本法與收益法來評估自己人生公司的資產是否有了減損的跡象。

1. 市場法：如同先前所述，市場法的評估思路就是將待估物與近期市場中類似的成交案例中的特點進行比較後做調整，就能估算出待估物的價值。所以我們可以透過與同儕、同事或競爭者身上的特點與自己進行比較。例如：在學校的時候，各種考試便提供了比較的基礎，我們從考試的成績與排名，很清楚地瞭解到自己與同學之間的差異。等進入社會，工作上又是另一番競爭的景象，常聽到同事們抱怨自己工作多麼認眞，但升官加薪的總是別人，這時候其實抱怨並沒有任何幫助，反而應該好好地檢討自己有哪些不足。被升官加薪的同事除了工作按時完成以外，是否比我有更好的溝通能力、更願意協助進度落後的同事、更有團隊合作的精神、更好的英語能力或在業務上有更好的敏感度呢？

   我們不要害怕與人比較，在比較的過程中我們反而能發現自己的不足，知道自己該去加強哪方面，也才有努力的方向。所以當身邊的人表現很優秀的時候，我們千萬不可有嫉妒的心理，反而應該見賢思齊才對。

2. 成本法：成本法的評估思路首先要確定資產的重置成本，再減去**實體性損耗**、**功能性損耗**與**經濟性損耗**。拿人的健康來說，首先，重置成本是以評估日當時要重新買到一件全新資產的成本，而我們以相同行業中（運動員與辦公室職員的健康狀況要求不同，不適合放在一起比較）每個人的身心「健康」標準是一致的狀況，重置成本爲相同，接下來我們來計算各種損耗；**實體性損耗**分爲可修復損耗與不可修復損耗，其中可修復損耗就是我們發生傷病時醫治到完全康復所需的所有醫療費用，不可修復損耗則是我們從出生到評估那天已經流逝的生命，因爲即使傷病可以治療，但是人再怎麼治療，壽命也就是一百歲左右，總有離開世界的一天；接下來**功能性損耗**如何計算呢？健康的人可以自在地活動、學習或工作，但是當你不健康了，那麼你要達到與別人一樣的活動、學習或工作成果則需要比別人付出更多的時間或金錢成本，這些多出來的成本就屬於功能性損耗；最後我們來計算**經濟性損耗**，這是指你的健康狀況並沒有比別人差，但是你卻沒有讓他發揮應有的效益，比方好手好腳的人卻整天好吃懶做，只會躺在家裡和一個病人沒有差別，那麼你本來可以運用你的健康得到的收益都化爲烏有，那這個損失的收益就是經濟性損耗。這樣算下來，大家是不是除了要更注重養生以外，也要好好想想如何讓自己健康的身體好好發揮應有的功能呢？

再舉個成本法的例子，如果知識是我們人生中的資產，那麼重置成本就是我們現在需要獲得知識的所有成本，包括要學習這個知識在現時所需付出的學費、精力與時間，實體性損耗就是所擁有的知識至今因爲時間流逝而生疏或忘記的部分，功能性損耗就是這類知識在當前的環境下是不是已經有了其他更進階的理論或研發成果，能夠比我現在所具有的知識應用起來可以有更好的效果與效率，也就是說我自己現有的知識已經過時了，而經濟性損耗則是我所擁有的知識雖然沒過時，但是無用武之地，也就是說，白學了。

3. 收益法：收益法的評估思路是不管這個資產以前價值有多貴，也不管以前效用有多糟，我們只站在評估基準日這個時點去看未來預期能帶來多少收益。應用在人生資產的評估上，就好比「知識與學歷」、「生活和工作經歷」，不管以前是個學霸還是學渣，只要學渣願意從現在改變自己，走出舒適圈，努力學習，就離學霸之路越來越近；而一個學霸如果放棄學習，也總有一天會考最後一名的。我記得以前爲了考會計師到補習班補習，我的老師說，考上會計師的人並不是永遠那麼厲害，因爲他若以後不再努力吸收相關專業知識，那麼他也只有放榜的這三秒很厲害，之後跟大家也沒區別了。所以只要開始永遠不算晚，你的知識與經歷從現在就會開始累積，但是只要放棄了就是前功盡棄！

人生公司的資產該如何提升價值
——不只保值，還要升值

前面說了這麼多的人生公司的資產與資產評估，大家有沒有思考應該怎麼樣讓自己人生公司中的資產得到保值和價值提升呢？我們人生中的資產從小的時候絕大多數是父母賜與的，隨著年齡的增長，通過自己努力得來所累積的資產越來越多，這是因爲我們人生中的每一天都帶給我們各種的影響，這些影響包括開心的、難過的、鼓勵的、沮喪的……不論哪一種，都會使我們有了心態上的轉變或是知識的提昇，也可能帶給我們一些機會。所以我們應該把握生命中每一種經驗，並且從這些經驗中都應該有所收穫，也就是每增加一些經歷，人就要往上爬一層樓，每天都要比昨天更進步、成長。每天睡前想想自己有沒有進步一點點，這樣長久持續下來，人就會變得很不一樣。在這節中，來談談人生中的資產會通過什麼原因而增值。

1. 全面發展：學校的教學方向永遠強調「五育並重」，這是一個人整體素質提升的重要訓練。雖然「五育」在兩岸的定義有一些不同，但意義卻異曲同工；台灣的「五育」是「德、智、體、群、美」，大陸的「五育」則是「德、智、體、美、勞」。德育注重的是個人的品格修養，一個人有了好的品德，可以引導將來所做的事都能從爲他人著想爲出發點，有正確的待人處世觀念，懂得負責，自然能建立起別人對自己的信任感，自己也會以積極負責的態度去做自己該做的事情。智育注重的是學識積累，知識累積的越多越扎實，將來在工作上也必然能受到更大的重用。體育注重的是鍛煉身體，健康是最大的財富，沒有健康的人生是黑白的，有再多的財富也是枉然，許多醫學報導也提到，鍛煉身體有助於減緩壓力。美育是審美觀的培養，美的本質不只有外表，內在與外在的美都很重要，有了審美的觀念也會有培養出美的心靈。群育是指與透過群體生活培養互助合作以及和諧相處的習性；勞育是指勞動技能的培養，一個人若是從小能夠親自勞作，瞭解他人爲自己付出的辛苦，比方父母對自己的日常照顧、清潔人員大清早清理環境的辛苦或是疫情期間醫護人員全身穿著隔離衣整天爲民衆做檢測，才會懂得站在他人角度思考；不管是群育還是勞育，最終目的都是培養人與人之間互相體諒，進而願意服務社會、達到立己立人的理想。這些都有助於培養人生中做人做事的正確態度，以及正向思考的思維模式。

2. 溝通的技巧：許多人由於不擅表達而失去了好機會，在工作上常聽到有同事抱怨，某些人只是因爲會講話就受到領導的喜愛。然而，回過頭想想，你自己不表達出你所會的，又怎能抱怨別人看不到呢？
3. 懂得借助外力：一個人創造的收益遠遠比不過一家公司創造的收益，因爲團隊的組成有1+1>2的效果。而人生公司雖然只有一個人，但是人脈與益友幫我們彌補了人員的不足。人脈的效用可以用「蝴蝶效應」來比喻，美國氣象學家Edward N. Lorenz於1963年在一篇論文中說到：「一個氣象學家表示，如果這個理論被證明是正確的，那麼一隻海鷗搧動翅膀足以永遠改變天氣變化。」之後在其他的演講和論文中他可能爲了美感的考慮而用了有詩意的蝴蝶取代海鷗。對於這個效應最常見的說法是：「一隻南美洲亞馬遜河流域熱帶雨林中的蝴蝶，偶爾搧動幾下翅膀，可以在兩周以後引起美國德克薩斯州的一場龍捲風。」這是因爲蝴蝶搧動翅膀會導致身邊的空氣系統發生變化，並產生微弱的氣流，而微弱的氣流又會引起四周空氣或其他系統產生相應的變化，由此引起一個連鎖反應，最終導致其他系統的極大變化。那麼人脈是怎樣的作用呢？我們可透過一個或少數認識的人做爲你與另一個不相干但具有某些資源可幫助你達到某特定目的的橋樑。但是如何能得到人脈與益友呢？這就要靠自己拓展生活圈了，如果我們永遠將自己封閉在固定的生活圈中，當然無法拓展人脈與獲得益友，只有勇敢走出舒適圈，擴大你的交際範圍，並且拿出你的專長與別人進行交流，那麼別人與你的互動才能產生良性循環，你對他人有幫助，他人也願意回饋給你，如此雙方互相成就，豈不是相得益彰？

4. 隨時觀察時代變化趨勢並吸收新知：時代進步的太快，我們以前甚至現在所學的知識，可能不久就被淘汰了，就像我以前小學有打算盤的課，我學得很好，但是現在早就不用算盤了，而是需要計算機和電腦。還有環境與生活模式不停在改變，雖然COVID-19期間看似一切都在停滯狀態，但是其實變化非常大，在這期間數位化的商業模式成長突飛猛進，所需數位化技能人才越來越多，如果自己無法因應時代具備這方面的知識與技能，自然也就會逐漸被社會淘汰。不過如果自己真的沒有科技相關技能的學習天分，也可以思考一下，以後AI時代大家會有什麼新需求呢？或許可以考慮學習一些有「溫度」的技能，比方藝術或是心理治療等等，可能也是一個好方向噢！所以我這個當老師的人，如果將來線上課程增加，老師人數需求減少，那我可得想想如何讓我的教學多一點點「溫暖」，才能吸引更多的學生了。

- 人工智慧時代來臨，許多工作可能就要被AI取代了，你現在是什麼工作呢？你有什麼規劃讓你自己不被時代淘汰？
- 用本章提到的三種資產評估方法，評估自己經歷、學識、健康和人脈等人生資產有沒有減損跡象，並想想如何保值或增值。

第四章 負債與破產重整

商業公司的負債——四兩撥千斤

在這一章開始，我們先瞭解什麼叫做「負債」？依據財務報導之觀念架構（The Conceptual Framework for Financial Reporting）的「第4章——財務報表之要素」簡介中，「負債」的定義為：「係指企業因過去事項而須移轉經濟資源之現時義務。對於負債之存在，必須滿足下列三項條件：(a)個體具有義務 (b)該義務係移轉經濟資源 (c)該義務係因過去事項而存在之現時義務。」

總而言之，以最白話的方式說，「負債」就是欠錢啦！在商業公司的負債科目中主要包含了：銀行借款、應付公司債、應付債款、應付票據、應付費用、預收款項等等。這些都是先向外部借來或是延後支付的款項，承諾要在未來某一時點還給債權人的，也就是企業需承擔的責任義務。然而，要能夠向外部借來資金並不是想借就能借到的，銀行雖然有放款業務，可是銀行必須會對提出申請貸款的公司進行詳細審查，一般來說，貸款的程序是這樣的：

步驟	說明
申請	·公司提出貸款申請，銀行至公司進行初步評估，再由貸款公司填寫資料後交由銀行收件。
估價	·若公司是申請擔保貸款，銀行將進行估價，以決定可申貸的額度。
徵信及審查	·銀行根據「授信5P」即企業狀況(People)、還款來源(Payment)、資金用途(Purpose)、連保人及擔保品狀況(Protection)、未來展望等因素(Perspective)，決定案件准駁及貸款條件。
對保	·貸款核准後，銀行與借款人簽訂借款契約。
設定	·若申請擔保貸款，從對保完成到撥款前，還需要經過抵押權設定的流程。
撥款	·銀行與貸款公司於約定的撥款日將款項撥入公司帳戶。撥款後企業依貸款合約規定償還本息。

圖4-1 貸款程序

資料來源：本書整理自兆豐商業銀行網站https://www.megabank.com.tw/corporate/loan/sme-loan/loan-procedure

接下來公司就必須按照貸款合約上的條款按期還款，在合約期間，公司的經營狀況和款項使用方法都會持續受到銀行的監督，如果銀行發現了貸款公司有任何異常，就會馬上要求公司還款了。至於其他的負債項目，如應付公司債，是公司發行債券向債權人募資，這也是事先要向主管機關提出申請，經過審批後才能向潛在的債權人合理保證將來公司可以按時還本付息；應付帳款或應付費用則是經過了供應商的調查評估後同意給與一定的信用額度，並在此信用額度內可以享有先拿貨，之後在規定期限內付款的交易優惠；而應付工資則是公司要按照勞動合同的內容按時支付員工工資。但不管是任何內容的負債，都是建立在雙方互信的基礎上而存在的。

但是，企業並不是一定只有在經營困難時才會進行貸款的，那麼爲何經營並沒有資金周轉困難的情況下爲何也會貸款呢？通常有兩個原因：一個原因是爲了讓公司累積良好的信用記錄，平時與銀行有小額貸款並且正常還款，當公司眞正需要大額借款時，也容易提出良好的信用證明給銀行，爲審核過程增加了優勢；既然不缺資金，那平時的小額貸款可以做些風險較低、變現較快的投資，對公司來說也並無損失；另外一個考慮原因則是，適當地運用財務槓桿，只要預計的投資報酬率能高於資金成本，則經營效率可達到事半功倍之效。但有些風險偏好較高的公司也必須防止信用擴張太快，若是實際投資報酬率不如預期的話，負債率過高將會導致資金壓力太大而拖垮整個公司。

商業公司的破產處理方法與破產重整——起死回生

那麼，如果公司眞的經營不善，實在無力償還負債怎麼辦呢？那公司最終就只能消滅了，這「消滅」可經由「清算」和「破產」兩條路來達成。大多數人應該比較熟悉「破產」這兩個字，但是，法律上的破產其實是有嚴格定義的。嚴格來說，「破產」必須符合三個要件：第一是負債已經大於資產了，第二是公司還有財產可供淸償債務，第三是有超過一個以上的債權人。符合以上三個條件就可以向法院聲請破產，接下來法院就要展開審查，若是裁定宣告破產，還要指定破產管理人，以便進行後續的破產程式，例如：開債權人會議、管理破產財團或是提出淸償分配等等，最終才向法院報告取得破產程序終結裁定，主管機關塗銷公司登記後才算全部完成。所以，公司並不是沒錢了就能說自己破產，要破產還是有很多該擔負的責任必須完成呢！

在各國的破產法中，破產大致都分爲三種制度：破產淸算、破產重整與破產和解。其中，破產重整是指專門針對可能或已經具備破產原因但又有維持價值和再生希望的企業，經由各方利害關係人的申請，在法院的主持和利害關係人的參與下，進行業務上的重組和債務調整，以幫助債務人擺脫財務困境、恢復營業能力的法律制度。在全球有很多破產公司重整成功的案例，例如美國的東南食品（Southeastern Grocers）公司，這家總部位於佛羅里達州的連鎖超市集團，已在2018年3月申請破產保護以便進行債務重組。東南食品關閉近100家門店，將負債總額削減了6億美元。不到三個月後，精簡後的Southeastern Grocers重新開張，計畫對100家門店進行改造，並推出新的會員計畫。還有雷明頓戶外設備（Remington Outdoors）公司，對於雷明頓戶外設備來說不幸的是，美國憲法第二修正案未能保護其企業免於破產的狀況。這家擁有202年歷史的公司擁有包括Bushmaster和Marlin在內的十幾個槍支彈藥品牌，由於銷售額下降30%，負債金額不斷增加，因此該公司已於2018年3月依據美國《破產法》第11章申請破產保護。據路透社報導，兩個月後，包括摩根大通在內的債權人以持股的方式為雷明頓減免逾7.75億美元債務。還有臺灣東隆五金公司，1997年9月爆發財務危機，公司被掏空88億，負債62億。擁有擔保品的本國銀行紛紛走避，一心想要儘速處分擔保品，打銷呆帳。沒有擔保品的外商銀行，由當時香港匯豐銀行副總裁鄭大榮出面組成銀行團申請重整，希望把這家曾經是全球第三大的製鎖廠救回來。至2002年，這家幾乎被拍賣掉的公司營業額比上一年成長3成，出貨量成長6成，毛利率達30%，稅後淨利超過1億台幣，庫存也比前一年減少3成。可見企業即使破產，只要這是一家有維持價值和再生希望的企業，得到助力之後，還是很有可能重新站起來的。

接下來，就讓我們來看看，這負債與破產重整的概念要如何運用在人生公司中。

人生公司負債——要還的不只是錢

依照國際會計準則的負債定義，就是在未來某一時點需要履行或清償的義務。人生公司中也有許多未來某一時點需要履行或清償的責任，我舉幾個例子，大家可以想想自己是不是也有這樣的負債，如果有的話，你有想過何時償還或何時履行嗎？

1. 向銀行或親友的借款：在日常生活中，難免有手頭緊的時候，小至出門忘了帶錢或是帶不夠錢，這時就需要朋友們的仗義相助，大至買車買房、創業投資的資金要向銀行借款或是親友周轉。也許有人也有這樣的經驗，借了朋友一筆錢，但是朋友卻一直忘了還，我們也不好開口，但是在我們心裡一定已經對這個朋友有了評價，甚至以後如果有類似的情形，也不會想主動幫忙了。還有向銀行借款的償還要是延遲了，信用記錄就會被記上一筆，以後這個信用記錄是永遠消不掉的。不論是銀行或是親友願意借錢給我們，都是基於信任的基礎，朋友因爲與我們之間的友誼而願意伸出援手，銀行因爲我們提供了以往信用記錄與財力證明而信任我們有能力按期還款，如果我們就這樣毀了自己的信用，也毀了自己與原有朋友的交往關係和未來更廣泛的人際關係！
2. 對別人許下的承諾：在生活中不時會聽到一些對話：「沒問題，包在我身上！」、「下次再約啊！」、「我一定準時到！」……，當我們說出這些話的時候，負債就已經成立了，說出的話別人都聽見啦！聽見的同時，也對你產生了期望，如果說了又沒做到，那在別人心目中的信用值又下降了！所以謹言慎行是一件很重要的事情，常常自己無心的一句話，卻不知道聽者有意呢！所以「君子一言，駟

馬難追」的人，眞的是會讓人很信任又有安全感的！

3. 生活與工作上的各種責任：人是群居動物，從出生開始就在人來人往中長大，我們所有的行爲，都與其他人產生或多或少的關聯。那責任從何而來呢？先說生活上，我們對於住的環境，有責任要維持清潔、維持秩序，因爲要避免影響到鄰居的生活，我們能有好的居住品質是享受了鄰居共同努力的結果，所以我們如果也能相對地爲共同居住的鄰居們付出，也是一種「報答」，或者「償還」。那麼引申到生活中的各種狀況，例如對家人照顧的責任、對國家所定法律有守法的責任；甚至我們對於整個地球環保，也是同樣的道理，因爲我們的各種生活資源，都來自大自然，只要是生活在地球上的一份子，誰能沒有責任守護大自然呢？再說到工作上的責任，那更是理所當然的，我們上班是領薪水的呢！當然除了這些以外，也有人主動擔負起了道義上的責任，我記得以前遇過一個老闆，雖然公司經營虧損，但他也不願意資遣員工，仍然盡力維持，他說：「我的公司雖然只有100多個員工，但是這也表示我身上擔負了100多個家庭的經濟來源，所以我不能隨便把公司解散。」這也是身爲一個有影響力的人士，承擔起社會責任的表現，雖然這不是償還，也不是報答，但應該可視作一種「投資」，贏得了衆人的尊敬，也是人生中的收入之一。
4. 人情債：有句話說：「不要錢的最貴。」有時我們遇到困難，身邊總會有親人朋友出手相助，而且當我們很感激的跟他們說：我都不知道該怎麼報答你啊！這時他們也會很大方地跟你說：沒關係啦，不用放在心上！但是這時我們心裡都是更加感激，而且總是希望有機會能夠對他們「湧泉以報」。其實我相信許多人幫助別人眞的是不求回報的，但是被幫助的人但凡是個有人品的人，就不能眞的不打算回報了，因爲一方面是自己心理過不了這一關，覺得自己總是占別人便宜，另一方面，這樣次數多了，也會使自己在別人心理的評價扣了分，即使施惠者不在意，但看在周遭人的眼裡也會產生一些影響。

5. 家庭責任：如果一個人的一生可視爲一家人生公司，那麼家庭就是人生公司的辦公室了。家庭裡的每個成員都對我們的人生過程的各階段產生影響。一個安穩和樂的家庭，是溫暖的避風港，是支持一個人奮鬥的力量和面對挫折的勇氣。況且在「禮記」中就提到了修身、齊家、治國、平天下的理論，就是說一個人要先把家庭管理好了，才能提升到對國家的管理。還有「家和萬事興」這句話也深刻地描述出家庭的重要。所以對家庭的責任是人生公司中必不可少的責任，我們應當對家庭每個成員，包括長輩、配偶、晚輩都要盡到應盡的責任。
6. 對健康的預支：通常年輕人喜歡熬夜，還有一些特定行業或崗位的工作者工作長期加班導致過勞、或者常常需要應酬抽煙喝酒，都是對健康有極大傷害的行爲，我們在資產的章節提到過，健康和壽命是人生公司中的重要資產之一，當人們熬夜、抽煙、喝酒時，就等於是預先提取了自己的健康，就像在商業公司的運作中，任何預收的款項，後續都有義務要退回或者行使相應的義務。所以在人們在長期的勞累或熬夜之後，必須要用加倍的補眠或是修養來恢復；還有在傷肝傷肺的煙酒之後，接著就是痛苦的宿醉或是重大疾病的產生，需要付出極大的身心煎熬也不一定能完全復原，甚至也有人因此壽命提前結束。

我們應該讓自己學習做一個勇於承擔而且踏實的人，任何事說到就必須做到，並且好好規劃自己人生公司的償債計畫。人生公司的負債可能清償不完，但是有些卻是甜蜜的負擔，就像相愛的人結合在一起，共同努力建立家庭，有了自己的子女，雖然辛苦但是非常幸福。只是人生過程中也有可能有走錯的時候或是發生意外的時候，所以人生公司也會有如商業公司的破產情形，我們又該如何面對呢？

人生公司的破產處理方法與破產重整——不要放棄，東山再起

我們先來想想，一個人除了「八字不好」的原因我們無法改變以外，還有，什麼原因可能導致人生公司破產呢？首先，金錢方面的破產，可能會因爲錯誤投資、錯誤判斷、遭人欺詐、賭性太強、花費無度、遭遇變故等等因素導致，所以要避免這樣的情形發生，只能靠自己平時對於理財觀念的訓練、意志力的培養與保險方式來防範；也有信用破產的，就是信口開河但最後實現

不了諾言，這種人將來如何能再得到別人的信任呢？如果得不到任何人的信任，那就等於斷送自己未來發展機會，這也就是「論語」中「民無信不立」的寫照；至於身體健康，也會破產的，過度勞累、熬夜、抽煙、酗酒、過度減肥……等等，都會導致健康破產，嚴重的有人需要花費餘生所有時間都被病痛折磨甚至命都保不住，俗語說：「留得青山在，不怕沒柴燒。」沒了健康，什麼事都做不了，從現在起，你還敢不好好愛惜自己的身體嗎？

雖然要儘量避免人生公司發生破產的可能性，可是世事哪會盡如人意呢？總是有可能……悲劇還是發生了，那我們應該如何面對失敗並且試著「破產重整」呢？如果到了破產的地步，再也沒有任何東西可失去的了，不如就放手奮力一博，也許還能有轉機。但是說到這裡，我們應該要記得在商業公司中的破產重整是有幾個要件的，那就是「可能或已經具備破產原因但又**有維持價值**和**再生希望**」的公司。這兩個要件在人生公司中，也是反敗爲勝的重要關鍵！

在人生公司中所謂的維持價值是指這個人重整之後是否還能在之後的人生中發揮人生價值，就像如果一個經過搶救後卻只能成爲植物人那麼維持他的生命意義並不大，但如果一個人搶救之後能夠在復原後繼續展開多彩多姿的人生，成爲對社會有所貢獻的人，那這個重整便是值得的。

而再生希望則是指重整成功的可行性，那這則是要看被重整人是否具有足夠完善的重整規劃、資源與能力、足夠堅強的毅力和足夠強大的心理素質與高情商了，因爲在資源非常有限的情況下要重振起來，需要的不只是專業能力，還需要很強大的抗壓能

力。

在歷史中有許多名人「破產重整」的經典例子，例如：勾踐復國、孫中山革命失敗10次，第11次才成功、以及中國著名企業家羅永浩在新東方學校離職後創業失敗負債6億人民幣，他承擔起還債責任並且逆風翻盤的過程等等。這些人生公司破產重整成功的例子都有幾個共同的特點，那就是：有責任心、有毅力、有學識、有人脈、有信譽。人生的過程不可能一帆風順，每個人應該學習承擔責任、做好風險管理、學習各項知識、鍛煉意志力，用樂觀的態度隨時準備面對各種各樣的挑戰，這也是人生路程上很有價值的記錄。

- 在你的人生公司裡，有遇到過怎樣的困境嗎？那你又是如何面對並且度過的呢？
- 思考一下自己現在有哪些人生公司的負債？你是否按時償還了所有的負債呢？

第五章 業主權益

商業公司的業主權益——離不開投資人的支持

業主權益也稱爲所有者權益或股東權益，是企業投資人對企業淨資產的所有權，包括投資人對企業的投入資本以及形成的資本公積金、盈餘公積金和未分配利潤等。在此還是要將權益的定義先釐清。國際會計報導準則中對於「權益」的定義爲：「係指對企業之資產扣除其所有負債後之剩餘權利。權益雖被定義爲一種剩餘，在資產負債表中仍可能將權益作次分類。例如公司組織之企業中，得分別顯示由股東、保留盈餘、代表保留盈餘指撥之準備及代表資本維持調整之準備所投入之資金。」以下把權益的具體會計科目稍作解釋：

1. 實收資本（若在股份有限公司則爲股本）：企業接收投資者實際投入企業的資本。
2. 資本公積：發行股票超過票面金額所得之溢額。
3. 盈餘公積：企業從稅後利潤中提取形成的、存留於企業內部、具有特定用途的收益積累，企業可以提取盈餘公積彌補以前年度的補虧、也可轉增資本，擴大生產經營。盈餘公積包括以下兩項內容：

   3.1 法定公積金：在公司分配當年稅後利潤時，應當提取利潤（當年淨利潤）的10%列入公司法定公積金。

   3.2 特別公積金：按照公司章程，由公司章程或股東大會決議，在提取了法定公積金之後，由公司從純利潤中特別提取的基金（用於償債、保險⋯⋯）。

4. 未分配盈餘：企業留待以後年度分配或待分配的利潤。

其中，盈餘公積和未分配利潤合稱保留盈餘。

在資產負債表中，業主權益這一塊連結了公司與投資人，所以我們在這裡要先談談公司與投資人之間的各種關聯。

股東將資金投入公司，最在意的肯定是投資報酬了，也就是所謂的「股息」或「股利」。而公司的盈利除了用來支付股利以外，也會考慮要將一部分盈利保存在公司用來因應未來的營運活動，也稱爲再投資，所以公司會依照本身的營運狀況制定適合公司的股利政策；通常股利分配政策需要考量的因素包括：企業未來的營運資金預算、投資人的期望、公司目前的資金狀況等等，這些會影響到發放股利的形式、數量以及時間等。不同國家或不同行業公司的經營理念不同，投資人理財觀念也不同，因此有的企業很少派發股利，因爲投資人更看重的是公司的發展經營能力和財務狀況。有的公司則實行高股利政策，同時這還可能可以抑制公司一些不必要的投資，節約了投資資金使得公司能夠產生更多的收益發放給投資者。

接下來談到商業公司與投資人之間的關係，公司需要投資人的資金支援，作爲投資人希望有好的投資回報，因此雙方的良好溝通有助於公司運作順暢。以下我們來看看公司與投資人之間的關係是如何進行的。

首先，隨著公司發展以致規模越大，資金需求更多，相對的投資人也會越來越多，雖然每個投資人的持股比例可能差距甚遠，但是瞭解自己所投資公司運作情形的權利是每個投資人都平等的。此時就出現了「代理理論」，白話一點說就是：代替沒參與經營的股東們監督公司運作的方法。這主要是適用在上市公司，因爲上市公司的股東衆多，甚至有外國股東，他們不可能都親自到公司去監督或參與經營過程，所以就有了專業經理人（包括董、監事會與高階管理人員）作爲代理人來幫助所有的股東們好好把關公司的各項業務。其次，公司的重大資訊都必須卽時揭露，讓所有股東瞭解是否有影響其投資決策的資訊，這也是公司對股東應有的責任。

那麼，股東們到底有沒有親自參與公司經營或是親自進行瞭解公司的機會呢？是有的！公司在組織架構上，股東大會是最高的權力機構，每年最少必須召開一次（若有臨時事項也可以召開臨時股東大會），全體股東都會收到開會通知，股東大會的職責主要是審查董事會監事會的年度工作報告、審查公司的年度財務預算決算報告，審查分紅方案，以及其他股東大會的常規事項，如選舉董事，變更公司章程，討論增加或者減少公司資本等重要事項表決。上市公司在公司組織架構都設有投資人關係部，以回答投資人的詢問，降低資訊不對稱，並且會透過多管道、多平台和多方式進行投資者說明會、路演、分析師會議、接待來訪、座談交流等活動以與投資人增進彼此的瞭解，也可吸引潛在的投資人。

對公司和股東關係有了大致的瞭解後，接著就來看看業主權益要如何應用在人生公司中吧！

人生公司的業主權益——誰投資了我

依照前述所提到的業主權益所包含的會計科目定義來看，如果在人生公司裡，應該如何應用呢？

1. 資本（或股本）：父母相當於投資人，實收資本即爲父母投資在我們人生的所有資源，包括身體、金錢、物質、愛與操勞。
2. 資本公積：在商業公司中的定義爲「企業收到投資者出資額超過發行股票票面金額的部分。」在人生公司中可以視爲從父母對我們的各項給與中所有的附加價值；例如：父母爲了子女學習支付學費，子女從中還體會到了父母的辛勞並懂得感恩，學到了更多做人的道理。
3. 盈餘公積：
   - 3.1 法定公積金：依照前面章節「法定公積金」在商業公司的定義，人生公司同樣有必須提列的法定公積金，例如：強制性的社會保險，通常各國常見的強制性保險包括：養老保險、醫療保險、失業保險、工傷保險和生育保險等等，這些提取的公積金將來也會用於自己的生活中。
   - 3.2 特別公積金：依照前面章節「特別公積金」在商業公司的定義來看，人生公司中也有相當於特別公積金的提撥，例如爲了自己或家人的生活規劃所購買的基金、保險或提撥在特定帳戶的準備金，將來可運用在購房、就學、醫療、退休或是償還房屋貸款等用途。

4. 未分配利潤：在人生公司中的未分配利潤，包括了自己這一生截至目前所累積淨賺取的金錢、成就、幸福、聲望等收穫。商業公司將未分配利潤用於再投入營運或分配股利，人生公司則可用於對人生未來規劃的投資以及回饋父母。

就像商業公司的運作一樣，作為子女的人應該要回報父母的恩情，但是回報卻不一定要是金錢。就以一般的學生來說，在一個年輕人入社會之前，人生公司基本沒有實物營利，但是如果子女健康成長，懂得關心父母，而且自己懂得勤奮努力，在校學有所成，那麼對於作為投資人的父母而言，在精神層面（包括精神、快樂、榮譽……），則較早就能有收益。等到從學校畢業進入社會，父母仍有可能不定期地追加投資，例如繼續深造進修、買房、結婚、生子等等，待人生公司穩定發展，子女的人生公司也將開始產生更多的實物價值，子女對父母的實物回饋也隨之增加。說到這裡，不免要提一下不同子女們人生公司的「股利政策」是如何表現的呢？我也歸納了以下幾種，大家可以看看自己是屬於哪一種呢？

1. 不配股利或分配的極少：對父母在物質層面與精神層面都絲毫不關心，或者關心的非常少，只是嘴上說說，完全以應付心態對待父母。這樣的情形，有的人是沒有餘力回饋物質，有的人則是無心盡孝，久而久之父母在精神層面也沒有收益甚至帶來心理痛苦。總之，是最差的股利政策！
2. 物質層面高／精神層面低的股利分配：對父母只給與優厚

的金錢物質，缺少關心陪伴，讓父母做空巢老人。這樣的方式，在父母年齡越大時，精神收益的匱乏對身心都有傷害。

3. 不穩定的股利政策：不論是物質面或精神面，時有時無，無法持之以恆。這有可能是子女的人生公司經營不善，收入不穩定，也可能是子女根本缺乏責任感。
4. 物質與精神層面兼顧：這是最好的回饋方式，不僅說明有孝心，也代表人生公司的經營成功，有足夠的能力照顧好父母！

相信每個人都在上面這一段中找到了自己正在採用的「股利政策」，但是其實以上四種有三種都是不好的方式。依照上市公司的投資人關係來看，人生公司中的親子關係又該如何運作呢？上市公司外部投資者與內部經營中存在著資訊不對稱，同樣地，父母作爲人生公司的股東，尤其在子女越長大越不容易瞭解他們的生活與心理情況；相對地，子女越大接觸外界越多，與父母的關係也漸漸疏離；但是即使漸漸疏離，父母對子女的養育之恩和永遠不變的關懷是改變不了的，當父母漸漸老去，子女漸漸茁壯，對父母盡孝是子女應盡的義務。雖然這本書運用了商業公司的模式應用在人生公司，然而，與父母的相處與回饋並不似商業公司那般只存在利益關係，我們對父母的愛與養育之恩的感謝是發自內心的。也只有當愛與感謝深植在心裡的時候，溝通才會有機會開始並且變得順暢，因爲當雙方因爲愛而知道互相體諒時，才能更有耐心傾聽和互相表達雙方的訴求。不過當親子雙方進行溝通時，還是可以參考商業公司運作的模式。以下把商業公司的投資人關係模式稍作整理：

1. 代理理論：在商業公司中是由專業經理人為外部股東把關公司的運作情形；而在人生公司中，孩子長大了從外出上學開始，漸漸有了自己的生活圈，父母無法24小時跟在身邊，因此這時幫父母把關的就是子女的良師益友了，父母與老師保持良好的溝通，能幫助父母多瞭解小孩，也有助於老師選擇合適的教育方式；子女交往的朋友，若是益友，就會像公司聘請專業的經理人幫助公司改善經營成果一樣。
2. 資訊揭露：法令規定上市公司必須將重大資訊即時揭露，以便使投資人及早瞭解公司經營並且制定正確的投資決策，同樣地，身為子女出門在外也應該隨時與父母聯繫，除了告知父母所在地點，也要關心父母在家生活情況，免得父母擔心，也要時時關心父母。論語中所說的：「父母在，不遠遊，遊必有方。」也就是這個道理。
3. 股東大會：商業公司中除了重大資訊即時揭露以外，有些公司重要事項都要經過股東大會的表決通過。同樣的情形在人生公司中，子女遇到人生大事例如：婚姻、工作等等，也需要取得父母同意，如果意見不同，一定要盡力溝通。
4. 投資人關係部的設立：上市公司為了加強投資人與公司的相互瞭解，都設有專責部門回答投資人詢問，甚至舉辦法人說明會、座談會等等進行雙向溝通；而人生公司中，很多子女面對父母的詢問並不願如實回答，但不論是出於善意報喜不報憂，或者是厭煩父母的干涉，若一直隱瞞或一味逃避，對於將來的互動都是不好的，應該要尋求合適雙方的方式進行溝通才對。

5. 股利發放：商業公司將賺取的一部或全部利潤發放給股東，一是盡到企業該承擔的社會責任，二是滿足股東的期望將來股東會更願意支持公司的經營。因此子女應該期許自己做一個優秀的人，把人生公司經營的績效良好才能回饋父母的養育之恩。

我們從小在父母的辛勤照料下健康成長，還供我們上學，父母都盼望子女能夠出人頭地，與父母好好溝通、好好相處、感恩並回饋父母是理所當然的。隨著時代的進步，有時父母也需要子女「教」他們一些新時代的產物，但是也有很多子女會顯得不耐煩，其實我也曾是其中之一。我記得有一次全家一起出門踏青，回程進了一家餐廳吃飯，正巧老闆是爸爸多年前的學生，這個老闆如今也爲人父了，爸爸與老闆開心地聊起天來，還交流起當爸爸的心得，我爸爸說到，現在的小孩都比爸媽會的多了，問我女兒問題還嫌我煩哪！這時餐廳老闆說到，這怎麼行！我不會就問我兒子，他可不敢對我不耐煩，他學會這些可都是我付的學費啊！雖然兩人談話都是開玩笑的口吻，但是我當場眞是慚愧的想鑽地洞呀！總之，每個人對於未分配利潤的使用是具有較大的自主權，該用多少回饋父母？該留多少用於對自己人生的再投資？這對每一家人生公司都是避不開的話題。

- 你的人生公司中，採用了怎樣的股利政策？
- 回想一下，你的人生公司中，有沒有做了傷害投資者關係的行爲？該如何改進？

到這裡資產負債表部分已經告一段落，你是否也有點想爲自己人生公司編製報表的衝動了呢？心動就不如馬上行動吧！

第六章　收入與成本

現在開始正式進入損益表的範圍啦！這可是檢視一段期間內有沒有「賺錢」的重要工具呢！正常的狀況下，一家公司賺錢的最大來源就是營業收入了，而省錢的最大因素就是來自良好的營業成本掌控績效，這也就是「開源（營業收入）節流（營業成本）」的最佳寫照。在這一章節中，我們先講收入，再講成本，並且也和大家分享開源節流的方法。

商業公司的收入——活下去最重要的動力

一開始還是要先來看看財務報導之觀念架構（The Conceptual Framework for Financial Reporting）的第4章——財務報表之要素中為「收益」所下的定義：「收益係指造成權益增加之資產增加或負債減少，但不包含與權益請求權持有人之投入有關。」收益之定義包含收入及利益兩者。收入係因企業之正常活動所產生；利益代表符合收益定義之其他項目，可能由企業之正常活動所產生，或可能非由企業正常活動所產生。所以「收入」是要付出成本而賺取的，例如銷售產（商）品或提供勞務所得，或是以本金投資而得到的投資收益或利息收入。

一家公司設立的目標就是要把自己的產（商）品或服務推銷出去，因為推銷出去才有收入，公司才能有更多的資金再投入營運，銷售出更多的產（商）品和服務，再創造更多的收入……，這是公司得以繼續經營下去的唯一方法。不幸地，也並非所有的公司都能有源源不絕的收入來源，雖然會計學的一個重要前提是「永續經營」，但是公司創立後，能存活的時間並不長。偶然的機會看到網路上不少文章提到一個統計資料：「臺灣創業一年內就倒閉的機率高達90%，而存活下來的10%中，又有90%會在五年內倒閉。」這說明了每個公司活著並不容易，活不下去的原因有很多，例如：經濟衰退、同業競爭、資金不足、管理不當、產品退流行、戰略目標設定不實際、宣傳不到位……等等。所以公司在經營過程中需要延攬專業經理人爲公司制定經營方針、做好行業調研、做好資金管理、實施各種管理活動以面對各種風險挑戰，才有活下去的機會。

人生公司的收入——不只有金錢

當人生視爲一個人生公司時，當然也有收入，不然怎麼活呢？不過身爲一個自然人，是有血有肉、有靈魂也有七情六慾的，所以要活得精彩、活的漂亮又充實，收入就不只有金錢了。除了上班賺取的薪資以外，生活中的成就感、幸福感、快樂感等等，都是可以豐富人生的收入。我記得我大學剛畢業開始工作的時候，會計師事務所很忙，忙季的時候每天都加班到很晚，自己的事情做完了有時主管還會要我幫同事做，有一天我覺得好委曲啊，就抱怨了幾句，想不到主管的一番「開示」，我竟加班加的心甘情願呢！我的主管告訴我：「你要想想，我們上班賺的薪水不只有你存摺上的那個數位而已，其實一個人上班的薪水有三份：第一份是你存摺上每個月進帳的那一筆，第二份是你工作中獲取的經驗（所以越有挑戰你越賺！），第三份是你贏得同事們對你的尊敬與感謝啊！」主管果然薑是老的辣，我一聽完就滿心歡喜的繼續加班去囉！人生各階段都有不同的收入，以下列舉了一些，大家看看是否有你的收入項目呢？

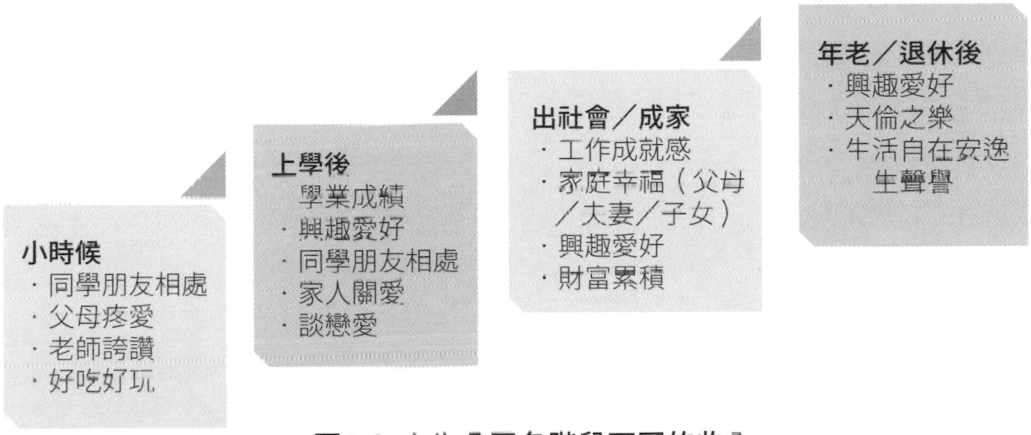

小時候
- 同學朋友相處
- 父母疼愛
- 老師誇讚
- 好吃好玩

上學後
- 學業成績
- 興趣愛好
- 同學朋友相處
- 家人關愛
- 談戀愛

出社會／成家
- 工作成就感
- 家庭幸福（父母／夫妻／子女）
- 興趣愛好
- 財富累積

年老／退休後
- 興趣愛好
- 天倫之樂
- 生活自在安逸
  生聲譽

圖6-1 人生公司各階段不同的收入

從上面這個圖來看，我提出兩個想法，第一個想法是依照國際財務報表報導準則中「收入」的定義來看，收入的賺取一定有相對成本的付出。就像是和同學朋友相處會快樂，那是因爲付出了同樣的友愛；因爲學業成績好或被師長誇獎而快樂，是因爲付出了努力認眞學習；沉浸在自己的興趣愛好中而快樂，是因爲我們花了相對的練習使的興趣愛好在自己手中悠然自得的發揮；財富累積是因爲我們努力工作所賺取……所以，不經歷風雨，怎麼見彩虹呢？不勞而獲不會眞正快樂，甚至在瞬間開心之後更清晰的感覺是心虛。第二個想法是，在人生個階段的「經濟收入」與「情感收入」中，哪些是每個階段都會出現的呢？父母、家庭、朋友帶給我們的「情感收入」一生都伴隨著我們，我們是否應該更加珍惜這些情誼才對？

如何增加人生公司的收入——豐富情感與經濟

心理的力量很強大，這正是真人與機器人的最大差別，有的時候心態一轉，很多事情的難易度就轉變了，包括人生中的工作與健康，都會因爲心態的不同而導致不同的結果。我在大學的時候，統計和微積分都是重修的，但是博士班的時候，我的統計資格考竟然一次過關，我認眞的想過爲什麼？我在剛進大學的時候，對會計這個科系一無所知，但是所有的學長姐常常灌輸我們像是某某老師是大刀、會計就是快快忘記、經濟就是經常忘記、統計就是通通忘記、逢「ㄐㄧˋ」必當……之類的恐怖訊息，所以我沒開始上課心理已經很排斥這些課程了。直到我大學畢業後十多年又回到校園重拾書本，我那時早已經忘了我以前討厭統計學，那時候我對每一門課都是用開放接納的心態在學習，甚至就讀博士班的某一天半夜我正在寫統計作業，這個作業是要用SAS軟體下指令去執行出一個結果，我瞬間有一個感覺，就是我和統計還有電腦是好朋友！這感覺太神奇了，當我在下指令的時候，我覺得我是在跟我朋友說話，請他幫我執行某個動作，然後很順利地就把作業就做好了。這是因爲我已經不排斥統計了，我學習的時候是完全接納的心態，全心思考與理解該學的東西，所以效果很好。其實有時候再想想，很多課本裡的知識，如果不是寫在課本裡，而是寫在小說裡；或是不在課堂由老師口授教學，而是在教室以外用聊八卦的方式說出來，可能每個同學都是興致勃勃的聽講而且牢記在心吧！所以，正向的力量眞的很重要，至少不要讓負面的情緒圍繞自己，否則很容易會讓你的努力事倍功半了。

2006年推出的暢銷書《祕密》主要就是在強調吸引力法則，心裡想的願望可以逐漸被自己的意念「吸引」而實現。但是很多人誤用了吸引力法則，結果反而事與願違。就像很多學生遇到大考總是失常，他們一定很納悶：「我心裡是多麼渴望能考好，這時吸引力法則怎麼失靈了呢？」這時我們就要提到一個心理學有名的理論叫做「瓦倫達效應（Karl Wallenda Effect）」，瓦倫達是一個美國著名的高空走鋼索表演者，他在一生中最後一次表演中，不幸失足身亡。他的妻子事後說，我知道這次一定會出事，因爲他上場前一直不停地說，這次太重要了，不能失敗；但是以前每次成功的表演，他只會想把走鋼索這件事做好，而不管這件事可能會有什麼其他影響。後來心理學把這種爲了達到某個特定目的而導致患得患失的心態稱爲「瓦倫達心態」。這就像許多學生考試前嚴重的得失心，這緊張的心情影響了大腦的反應，最終沒考好。所以這就是爲什麼考前老師和家長們總是勸學生要保持平常心的原因了。

我也鼓勵大家在學業或工作之餘能夠培養自己的興趣愛好。不知道大家有沒有過這樣的感覺，當自己沉浸在興趣愛好中的時候，好像到了另一個世界，所有的煩惱都與我無關，這時心中充滿極大的充實感，這種狀態在心理學稱爲「心流」。記得我小學一年級的時候，爸爸問我喜歡什麼樂器，我當時只知道鋼琴，所以就說要學鋼琴，結果爸爸一直跟我推薦小提琴比較好，所以我就去學了小提琴，不過我也眞的認眞學了幾年，長大後爸爸才跟我說，他並不是要我去當音樂家，只是希望我以後能用音樂作爲學業或工作之餘的心情調劑，至於爲什麼推薦我學小提琴呢？原來眞正的原因其實是……當時家裡買不起鋼琴啊！哈哈！但是沒關係，這麼多年來這些樂器已經成爲我重要的精神寄託。每當我心情不好，就會暫時離開煩惱的現實世界去和音樂相處一下，然後就可以有一個全新而且頭腦清醒的自己重新出發。當然，也有人選擇運動、唱歌、畫畫或是烘焙，效果都是一樣的。

說完了精神面的收入，也該回到經濟面的收入了，不過我認爲以下經濟面收入的增加方式也可以套用在精神面的收入，因爲許多成就的達成是能夠同時滿足精神與經濟面的。我和大家分享一個關於正向心理學（Positive psychology）的TED演講，主講人是心理學家Shawn Achor，他說到人在情緒處於正向積極的時候，比處在中立、消極或有壓力時，大腦的活動力、創造力與學習力都明顯更高，所以他建議人們連續21天，每天花個兩分鐘，寫下三件你覺得感激人和新鮮的事，這可以有助於培養正向的心理。我也眞的嘗試了這件事（雖然沒有連續21天），但是當我寫下感恩的人與新鮮的事的時候，我重溫了樂觀與正向的感覺，我也感到我的心態有不一樣的變化，建議大家也可以嘗試看看。但是任何目標要達成，不能只靠嘴上說，更重要的是毅力、耐力和行動力，所以有了堅定的信念後，學會定目標、做計畫，然後就要付諸實際行動了，行動的過程中，要靈活運用知識，所以不斷充實自己也是非常重要的事，只要有機會能學習，任何知識都不要排斥，誰知道什麼時候就用得上了呢？

最後，要時時記得，成功不會是只有自己單獨的努力成果，而是一路上獲得許多直接或間接的幫助，做任何事情都要心存善良，寬厚待人才是。願大家在人生的道路上收穫滿滿！

- 你目前實際或潛在的收入來源有哪些？想想怎麼能讓這些收入更高？
- 寫下三件你心中感激的人和新鮮事，並寫下理由。

商業公司的成本——天下沒有白吃的午餐

依據「國際會計準則第2號（IAS 2）一存貨」所述內容，存貨成本包括購買成本、加工成本與其他成本。在損益表的應用上就是我們很熟悉的說法：直接原料、直接人工與製造費用。這三個要素都是能夠直接歸屬在所製造的產品上，並且與收入相配合的；就以一張木桌子爲產品來說，直接原料就是木材，直接人工就是生產線上的作業員，製造費用則是裁切工具、機器折舊費、工廠水電費……等等，都是能以合理的比例分配到個別產品上的。在準則中也提到：「存貨應以成本與淨變現價值孰低衡量，當原料之價格下跌顯示製成品之成本超過淨變現價值時，該原料宜沖減至淨變現價值。」這屬於一種資產價值減損的情況，可參考本書〈第三章　資產與資產評估〉中內容。

作爲一個營利機構，成本的管控對企業營運來說至關重要。我還沒工作以前，從電視劇的情節裡看公司，只覺得在公司就是各種高級會議室、先進設備、出差搭高級轎車……。但自己開始上班後，才發現影印紙不能亂丟，因爲背面還可以再印、加班要先申請，因爲加班費很貴，不能想加就加，費用超過預算就不能申請，每個月要做經營檢討，哪些資源太浪費了要提改進方案……所以我們就來看看關於成本管控這件事。既然目標是盈利，那麼營運中的任何活動都要奔著盈利這件事而做，也就是說每個活動所產生的效益（收入）都要大於成本，這就是所謂的「成本效益原則」。

在損益表中常用的成本科目包括營業成本和勞務成本。也就是銷售的產（商）品或勞務所發生的成本。產品是工廠購進原材料製造出來的，所以營業成本包含了直接原料、直接人工與製造費用；商品是公司從外部購買進來銷售的，所以營業成本就是購貨成本；勞務成本是由公司的員工提供特定服務產生的成本，因此指的是人工成本。這些成本越低，營業毛利就越高，所以常見的公司成本管控方案有與廠商協商降價、統購、找尋替代原材料、人力精簡、加班費控制……等等。

而在管理會計的領域中，還有兩個成本是必須知道的，那就是機會成本與沉沒成本。機會成本（Opportunity Cost）是指決策過程中面臨多項選擇，當中被放棄而價值最高的選擇，又稱爲替代性成本。簡單來說，機會成本就是所犧牲的代價。俗語說：「天下沒有白吃的午餐」、「魚與熊掌不可兼得」就是說選擇了吃午餐就要承擔替人效命的代價，選擇吃魚就要放棄熊掌。沉沒

成本（Sunk Cost）也稱爲沉澱成本或既定成本，是經濟學和商業決策制定過程中會用到的概念，指已經付出且不可收回的成本。例如：如果我線上付款預購了一張電影票，且條件爲不能退票。此時就算後來我有事不能去，已經預付的電影票款也不能退回，因此所支付的電影票款就是沉沒成本。這兩種成本在公司進行經營分析時都必須詳細考慮，否則許多大額投資一旦投入，後續想反悔的話，所付出的成本都收不回來了。我在工作過程中，偶然會聽到哪些公司原本雄心壯志要導入ERP（Enterprise Resource Planning，是企業用於管理日常業務活動的系統和軟體套件）系統，結果系統買了，培訓費用也花了，可是最後因爲沒有讓員工看到公司足夠的決心，以致員工配合度不高，最後大額投入全都白費了。

在資產評估中常使用的成本觀念則是原始成本與重置成本。原始成本是當初成本花費時的實際價格，而重置成本，顧名思義就是在現在這個時點再重新購置一個同樣全新資產的成本。但是重置成本又分爲兩種，一種是更新重置成本，一種是復原重置成本。先介紹更新重置成本，這是指因爲科技進步，因此時代越進步，同樣的東西但原材料或製造方式已經不同，因此同樣的功能標準之下，重置成本是更低的。比方說我2016年買了一部ZenFone 3 Deluxe手機，當時價格是新臺幣15,990元，這就是原始成本；但是現在是2023年，同款的全新手機只要7,990就可以買到，這就是重置成本。爲什麼同樣的東西價格會差這麼多呢？可能的原因有很多，可能是因爲製造技術進步了，所以產能更高，平均製造成本更便宜，也可能是已經研發出更便宜的可替代原材料，或是有更進步的產品出現所以廠商只好降價求售。這些情況都表示科技不斷在進步，舊的東西越來愈不值錢。但是復原重置成本則是指，用同樣的設計、工藝技法、同樣的材料再製造出一模一樣的東西，通常這樣的重置成本是更高的。原因是以前的設計、工藝與技術可能現在傳人已經所剩無幾，還有以前所用的材料現在可能瀕臨絕種或是屬於國家保護範圍，以致於取得成本變得很高。比方現在若要像古時候大戶人家建一座園林，木材要黃山上的松木，石頭要太湖的石頭，設計與工法要完全參照古代人工製造的雕樑畫棟，那材料成本、人工成本與設計成本與古代相比不知要高出多少。但是如果復原重置成本這麼高，爲何還有重建的必要呢？當然是因爲還有「價值」，也許是有形的金錢價值，也可能是無形的文化價值，畢竟「成本效益原則」是所有成本活動的最高準則。

降低成本率就是提高毛利率，也就是提高了產（商）品的附加價值，這裡彙總一些商業公司常用的降低成本率方案，稍後我們就來想想如何將這些成本管控用在人生公司裡。

1. 縮短工時：優化設備、提高人才素質、優化製程。
2. 研發更高端產品：提高產品附加價值、名牌加成率更高。
3. 壓低原料價格：大量採購、尋找更便宜且功能相同的替代材料。
4. 尋求合作夥伴：委外加工、外包生產。

人生公司的成本——一分耕耘一分收穫

現在我們就來談談以上提到的商業公司的成本和成本管控該怎麼運用在人生公司呢？首先要先定義人生公司的成本有哪些？在這裡我們先把人生公司的存貨概念先定義清楚，存貨的銷售就是公司盈利的來源，那麼人生公司所銷售的是我們個人的各種專長與對家國社會的熱忱，包括貢獻所學的知識、對身邊人的照顧、對社會的貢獻等等。所以對應產生這些價值的成本包括我們所付出的時間、健康、學識與金錢。人的生命是有限的，來這個世界走一遭，總是希望自己能不留遺憾。每個人一天都是24小時的時間，人的平均壽命有80歲左右，所以如何在有限的時間裡發揮比別人更多的價值，就能讓我們這一輩子活的更值得。

我在學校裡常常看到很多大學生可能是因爲從高中到大學忽然變得很自由，所以上課情況比高中以前都鬆散了很多，有時我眞的很看不下去，會問他們：「從小學到大學，所學的應該越來越難，但你們自己想想，是不是越大越不認眞？這大學四年，高中以前學的都忘了，大學該學的也沒學好，畢業了以後你們覺得能競爭的過誰？全世界同樣科系的學生課本內容都大同小異，同樣科系的畢業生這麼多，畢業以後，你們會的別人也會，那公司有什麼理由一定要錄用你？更別說別人會的你們其實也不會吧？這輩子你們打算怎麼過？」

其實每個人生來條件不同，不能用一樣的標準要求，但是每個人都應該盡自己最大的努力，隨時把自己做到最好，禪宗所說的「活在當下」是要我們將當下該做的事盡力做好，如果我們能把眼下的事都做好，就是給下一步打好穩定的基礎，人生才能好好走下去。那麼如果按照商業公司成本管控提高毛利率的方法，人生公司又該如何運用呢？

1. 縮短工時：身心健康、自律生活、正向積極、好好學習、天天向上，做事效率才會高。
2. 學習做規劃：可達到事半功倍的效果，心情也容易穩定。
3. 研發更高端產品：附加價值更高。
   3.1 提升自身素質，在更專業、更高階的工作中貢獻。
   3.2 選擇可學到更多經驗、有挑戰性的工作（不要只在意短期的高薪）。
4. 壓低原料價格：團購、不追求名牌（物美價廉，找性價比最高的）……。
5. 尋求合作夥伴：與志同道合的同事、同學、朋友、合夥人互相幫助或合作。

接下來有幾個問題可以探討一下，那就是沉沒成本與機會成本的問題。在人生的道路上，有很多需要進行抉擇的時後，該如何選擇呢？當然每個人的生活背景不同，考量因素也不同，我不能武斷的說每個人該如何選，但是大家可以自己思考一下，列出你的考量因素，做出最適合你的選擇，以下是幾個例子，大家可以用機會成本的角度去分析看看該如何選擇呢？

1. 選擇科系要選「有興趣的」還是「容易就業好賺錢的」？
2. 選擇男女朋友要選「喜歡的」還是「適合當老婆（老公）的」？

3. 工作要選「薪資高的」還是「前景好的」？

再說到沉沒成本，白話一點說，就是白白浪費的付出。人生中有些沒有意義的成本投入，比方說：期中考試考不好，決定放棄，也不參加期末考了，下學期再重來吧；還有創業初期不順利，決定關門大吉；在不喜歡的科系無奈的讀了四年畢業，決定之後再也不碰。這些在放棄前的所有付出都是所謂的沉沒成本。小時候學了一句成語叫做「半途而廢」，只知道這樣不好，因爲這樣沒有恆心不會成功，但是我現在既然是個會計人，用成本概念來理解這句話，我忽然覺得好浪費呀！有一個小故事跟大家分享，大家都知道電話的發明者是英國科學家貝爾（Gareth Bale），貝爾當時申請專利的時候，德國發明家萊斯（Johann Philipp Reis）對貝爾提出控訴，他聲稱自己先發明了可以傳遞聲音的機器，而且在1861年就曾經公開展示過。貝爾並沒有否認萊斯對他的指控，也承認了自己曾經參考萊斯的發明成果，然而最後經法院判決，萊斯的發明僅止於單向傳遞聲音，並不能稱爲「電話」，所以貝爾最終拿到了專利權。萊斯就差在繼續往前一小步，就此錯過了「電話發明者的稱號」，原本貝爾也很大方地願意與萊斯共用專利，但萊斯說：「我在離成功0.5毫米的地方失敗了，我將終生記取這個教訓」，因此拒絕了貝爾的好意。

說到這，讓我想起人生中的選擇常會碰到迷惘的時候。有時候聽到一些歌手說到自己父母本來反對自己從事這行業，但是他們仍然堅持理想，最終在歌唱領域中取得好成績，父母也不再反對了。但是也有人堅持創業，雖然家人支持，但是自己最終仍然失敗的。所以這時不禁讓人思考，到底是要「堅持目標」還是「及時回頭」呢？其實對於「努力」這件事，努力了不一定成功，但不努力一定不會成功，就像公司的花了交際費也不一定會得到訂單，研發費用投入了也不一定會有產出是一樣的道理。可是作爲資源有限的我們，做任何決定之前都要客觀的評估自身與外界的狀況條件，再做最適合自己的決定才對，只要是自己確實經過評估所做的決定並且確實努力過，最後卽使失敗，也不會有遺憾，可是如果是好高騖遠或是自己專業不足而評估錯誤，就只能說是自作自受了。

在這裡先小結一下，我們要怎麼樣減少自己的沉沒成本與機會成本呢？以下有四點可以參考看看。

1. 認識自己：瞭解自己的興趣與專長，而不是看到別人做什麼我們就要盲從。每個人的優勢不一樣，也不要小看自己。
2. 體諒他人：雖然自己的理想很重要，但是也要顧慮父母與家人的感受，如果自己堅持的事情會影響到父母家人，比方需要他們大額資金支援或是會嚴重傷了父母的心，那就還是要好好考慮可行性，畢竟不能以「堅持理想」的名義行「自私」之實。
3. 分析利弊得失：要儘量取得足夠的資訊評估大環境趨勢、自己與別人的差異化、成功機率、投資報酬率等重要資訊，評估與規劃才會越準確。
4. 「白日夢」與「理想」的區別：有時發現有個年輕人只是把「理想」當作藉口，但其實並沒有眞正投入足夠的努力。就像有的學生說不喜歡自己念的科系，說自己其實喜歡的是跳舞，但是，也就在社團裡一星期跳個一小時，這並不是對待「理想」的態度，當你自己是這樣態度的時候，又要如何說服父母支持呢？

有一次我和我的古琴老師聊起她以前學琴的過程，老師以前是一個護士，但十分熱愛古琴，她初學古琴的時候每天白天上班八小時，但下班後仍然每天堅持練四小時，我問老師這初學大不了就是音階與簡單的曲子，練得了四小時嗎？老師說可以啊！大部分的人彈一個「Do」只要彈對弦就覺得練好了，但是我會去揣摩彈出各種情緒像是悲傷的、興奮的、平靜的、歡樂的「Do」；因爲如果你真的熱愛這件事，那麼你就要更用心去想一些別人沒想到的，不然你會的別人也會，那你在這個領域又怎麼能超過別人呢？我當時聽了恍然大悟，這就是爲何我總是學啥都是半吊子的原因啊！

其實這幾年我想通了一個道理，上天對人是公平的，聰明人並沒有比不聰明的多了多少優勢，因爲通常聰明人總是會的太多，但很快就達到老師認爲及格的程度後就停下來，甚至有時在老師檢查前幾分鐘隨便複習一下或是根本回家沒練習就能過關，而且有時這種人還會沾沾自喜，但殊不知，這有何值得高興呢？當你花了錢去學一樣技能，讓老師認可有60分程度，是一件值得高興的事嗎？你甚至不知道，這時不聰明的同學已經默默的不停練習而追趕上甚至超越你了。

到這裡又有另一個問題，既然我們不能浪費時間，那麼是不是要一次做很多事情才好呢？現在流行「斜槓」青年，但是又有人說一生只要「專注做好一件事」就夠了。對於這個問題，我個人的想法是首先要釐清「跨界」的定義是什麼？我自己在鞋業集團任職的時間最久，就拿做鞋子這件事來說吧！以前所謂的鞋匠，可以從頭到尾自己做好一雙鞋，從裁切、貼合到成型都一手包辦，甚至還會自己銷售。但是現在鞋子工廠的分工非常細，各流程都有單獨的部門，這是因爲時代進步，公司規模越來越大，經營管理方式已經改變了。如果現在會裁切又會成型算不算跨界呢？應該不算吧？這還是做鞋子啊！是否有資格稱爲「斜槓」還要看這技能是不是能夠在你原來的本職工作以外幫你創造具足夠的專業性的另一個多元收入來源。有時有學生會來問我一些考研究所的方向，他們通常說不喜歡目前就讀的科系，但是其實也投入了四年的學習，他希望研究所可以報考其他科系，這時我通常會建議他們，四年努力都投入了，不要浪費，研究所就找個能跟你現在專業相結合的科系，發揮1+1大於2的功能，比方會計系的學生，研究所如果讀了資訊系，那麼以現在AI時代的發展背景來看，懂會計流程又懂得系統設計的人才，一定發展空間更大！

這幾年流行一個名詞叫「內捲」，是指那些沒有意義的競爭。比方同事都留到七點才下班，我就七點半才要走（但是大家都在上網聊天）；同學報告寫8千字，我就寫9千字（裡面有一半廢話），這樣的內捲只會浪費時間、浪費金錢而且不會有收益。我們應該把人生各種成本管理做好，把每一筆成本支出用在有用的地方，在健康管理上，身體與心理都要同等注重，現在內捲焦慮盛行，雖然知道不應內捲，但該如何調整心態是一門功課；在金錢管理方面，想想平時金錢浪費在什麼地方？應該多充實些理財常識；還有時間管理上，想想平時時間都是怎麼安排的呢？是不是都滑手機滑掉了？這些問題值得大家好好思考！

- 在提高人生毛利率的方法中，你自己生活中是如何做的呢？
- 想想自己的生活中，有哪些事情改變一點做法後可以「一舉兩得」（甚至不只兩得）或是「少走彎路」呢？

第七章　營業費用（銷售／管理／研發費用）

商業公司的費用——部門各司其職

講完了損益表的收入與成本，接著就是營業費用了，營業費用包括銷售費用、管理費用和研發費用。很多人把「成本」和「費用」的觀念混爲一談，但實際上兩者是不同的。根據財務報導之觀念架構（The Conceptual Framework for Financial Reporting）的第4章——財務報表之要素中對「費損」一詞所下的定義爲：「費損係造成權益減少之資產減少或負債增加，但不包含與對權益請求權持有人之分配有關者。」其中「費損」包括「費用」與「損失」。營業費用主要包括銷售費用、管理費用和研發費用，爲一段特定期間（一個會計週期）的投入，這些費用的內容包括：

1. 銷售費用：銷售部門執行銷售相關活動產生的相關費用（宣傳、辦活動、交際……），目的是爲了打造企業良好形象，加強（潛在與現有）消費者印象與忠誠度，擴張市場規模。
2. 管理費用：管理部門執行管理相關活動產生的費用（人力資源、資訊部門、總務部門、財務會計等部門的費用），是爲了建立良好制度並且運行順暢，可抵禦內外部經營風險。
3. 研發費用：研發部門執行研發相關活動產生的費用（研發

材料、人力、試驗費用），是爲了創造高端產品和技術，才不會被淘汰。

這些費用與銷售的收入與數量關聯並不大。從以下幾個簡單的例子解釋：

1. 銷售活動中爲了開展銷售而產生交際費，但是不一定就有相應的收入。（可是當收入有增加時，通常銷售費用也會有增加，但並非同比例）。
2. 企業日常的行政工作產生管理人員的薪資費用，即使當月生意慘淡沒有收入，卻仍有固定開銷。（通常收入在一定範圍裡，管理費用金額變動很小）。
3. 研發部門爲了研發新產品陸續產生研發人員薪資與材料、實驗費等，但投入金額與當期銷售狀況並無關聯，也不一定會研發成功。（與收入無一定關聯，但預期在未來產生效益）。

接下來，我們就來看看這些費用如何運用在人生公司中呢？

人生公司的費用——不只柴米油鹽醬醋茶

每個人相當於一個獨特品牌，與商業公司一樣需要經營、也就是推廣、管理與提升；所以人生公司的經營，同樣有銷售活動、管理活動與研發活動，這些費用主要有：

1. 銷售費用：推銷自己產生的相關費用，用於打造個人品牌形象，開拓個人市場，吸引目標市場或特定對象，主要包括：

1.1 平時與人交往、維繫情感所花時間、金錢與精力。

1.2 拓展人脈交際費、交際所花時間、應酬喝酒損耗健康。

1.3 應徵工作製作履歷表、造型費用、時間、精力。

1.4 追求異性送花、看電影、搭計程車、燭光晚餐、時間、精力。

1.5 為競爭升遷增加加班投入時間與精力，增進同事好印象投入的交際費與時間。

2. 管理費用：自己日常生活例行開支，用於打理食衣住行，使得身體健康、精神清爽、頭腦清楚，為人生發展提供強健基礎，主要有：

2.1 食——三餐、宵夜、下午茶、保養與保健食品。

2.2 衣——日常家居、外出場合服裝。

2.3 住——自有房屋折舊、房租、修繕、居家物業、相關設備、通訊產品費用。

2.4 行——車子折舊、交通費。

2.5 其他——健康檢查、休閒娛樂。

3. 研發費用：提升自己的投入費用，用來提升自己各項技能，增加個人附加價值，使人生發展進入更高層次，主要包括：

3.1 義務教育以外的升學所投入的金錢、時間、精力。

3.2 業餘進修所投入的金錢、時間、精力。

3.3 學其他才藝所投入的金錢、時間、精力。

3.4 吸取新知所投入的金錢、時間、精力。

各種費用的管理——提高效率與效果的方法

在人生公司各種費用的管理上，應該如何才能提高效果與效率呢？每筆投入如何才能發揮最大價值？我們可以從這些費用的花費內容來探討重點考慮因素有哪些：

1. 銷售費用：銷售活動的重點是把自己這個人品牌成功推廣出去，那麼必須考慮到如何將自己的優勢並與環境需求融合，還要使別人接受。

表7-1 銷售活動與重點考慮因素

銷售活動	重點考慮因素
建立個人品牌	自己的優勢是什麼？現在的環境下大衆的需求是什麼？與我的優勢能結合嗎？定位自己的目標市場與發展方向。成功的個人品牌有什麼特徵： 1.當別人有某些需求時，想到的第一個是你。 2.當別人面對多種同性質選擇時，願意花更多成本請你來擔任。 3.當別人與你合作過一次後，總是要求下一次的合作。 4.別人對你的信賴感在其他領域也發揮影響力。
人脈的維持與開拓	自己的未來規劃方向是什麼？需要的人脈類型是什麼？現在的人脈能否拓展？
表現自己	表現自己是持續的，要從平時待人接物做起，包括在家、在學校、在社會、私下、公衆前，貴人不是老天送來的，而是自己找來的。與人的互動中，表現自己拉近彼此距離時也要注意說話的技巧，溝通是雙方的互動，不要以自我爲中心。站在他人立場設想，才能提高互動的效果。

●試著做個小練習，假設你在班級中競選班級幹部、在社團裡競選社團幹部、在職場中爭取優秀考績或晉升，你如何推銷自己？可以從下面幾點開始想想……

■團體的需求？自身的優勢？

■如何吸引關注？

■展現自我的方法？

2. 管理費用：管理人生的目的是給自己一個良好生活環境爲自己人生發展提供良好的健康、好的心態、好的環境。管理成果的表現就是體現在所有事務步上軌道，運作井井有條。那麼我們就來分析一下，各種管理活動中有哪些重點，大家也可以檢視自身的條件想想哪些是最適合自己的管理方法。

表7-2 管理活動與重點考慮因素

管理活動	重點考慮因素
人生目標制定短中長期計畫（預算與計畫編制）	1.我的志願——長大後要做什麼樣的人？ 2.升學過程中有許多選擇機會，在選專業時，有許多考量關鍵因素。 3.你有沒有仔細做過人生規劃。
爲達人生目標的生涯規劃	1.自己該做的事情，如何確定做到的程度。 2.每個人無法所有事情都專精，對於自己不擅長的領域應該仔細挑選與評估適合合作的對象。

自我管理（自律）	生活的規律性、每天該做的事情能否確實完成。
人生風險應對方案，遇到問題有解決方法	1.人生有許多需要抉擇的十字路口，需要進行風險評估與失敗的應對。 2.日常生活中的理財、保險、健康檢查……也是很重要的。
向人生目標前進的過程中，隨時檢視有無偏離並調整	隨時關注時代的趨勢、環境的變化……才能及早應對（多關注時事、吸收新知）。

如同前述提到，每個人對於自己生活的管理側重點取決於個人的價值觀、經濟條件、生活或工作中的未來規劃等因素，以下幾個問題可以好好想想，你該如何取決呢？

食衣住行的開支中有些迷思，該如何取得均衡呢？

- 小氣vs.節約；大方vs.浪費。
- 日子打理好並非盡情享受，恣意享樂。
- 善待自己vs.金錢預算（想要與需要）。
- 勞逸結合，要有休閒愛好。
- 對自己的生活安排要有計劃，不論是金錢還是時間，都要有規劃。

為什麼規律生活是好的？難道自由不好嗎？隨心所欲的生活不是才更開心嗎？

生活規律，則生理時鐘不紊亂，精神才會好，身體才健康，提供做事的好心情與精力，就像熬夜之後需要好幾天才能恢復。該做完的事按時做完，其他的時間才能自由利用，所以上課不遲到早退，上課時聚精會神吸收內容，課後才能與朋友出去玩、做自己喜歡的事情、不會因爲要複習而佔用其他課的時間。準時上下班，上班不偷懶把事情做完，下班才能自由約會、休息。因爲，有規律，才有自由！

3. 研發費用：投入研發費用的目的是讓自己技能提升，不被社會淘汰，所以不論是要學習的技能或知識所採用的學習方法都是十分重要的。

表7-3 研發活動與重點考慮因素

研發活動	重點考慮因素
技能提升	選擇正確的提升目標，認清自己的目標、做應該做的事。
學習方法	安排合理的時間，強大壓力下可能會有負面效果；尋找適合的導師與學習管道
進修費用的投入與產出並不相等	以輕鬆態度面對挫折，有時繞點路會看到更多美景。

「證照」與「實力」何者重要？

證照是一個人進入這個工作領域的門票，而實力是在這領域中發展的根本。所謂：「不患無位，患所以立。」就是說要找到自己的位置並不難，難的是你如何站穩這個位置。我曾經爲了TOEIC考試進入一家英文補習班，老師是金色證書（TOEIC880分以上的證書顏色）名師，第一天上課時，老師說你們來我這裡補習，我保證你們的分數會增加，但是實力絕對不會提高，因爲考試是有技巧的。當然這很大成分是老師的玩笑話，但在補習期間我也學到了一些應付考試的訣竅。有一次老師還說，他的金色證書學生懷著忐忑不安的心要去外商工作了，爲什麼忐忑呢？因爲，考試中的閱讀測驗可以只看第一句和最後一句，但上班不行啊！

「證照」與「實力」兩者都重要，但是，有證照沒實力的人無法長久發展，有實力沒證照的人可能在進入門檻就會碰壁，沒有機遇的話，就連發揮的機會都沒有了。

爲何要升學？

在我做爲老師的這幾年中，越來越多大學生立志考取研究所，但是當我問他們爲何想考時，答案卻讓我失望；有人說：爸媽要我考的。有人說：爲了圓夢。有人說：「同學們都在考，所以我也要考。」但是要知道，學歷只是將來工作發展的一種工具，有學歷本身並不是什麼有價值的事情，想想學校裡的傑出校友榜，一定都是在社會上做出一番事業有貢獻的人，絕不會是因爲他考上了某某知名大學研究所。曾經有位環科系同學告訴我，他以後要當心理醫生，現在正準備考研究所，我說：那你要重新準備心理學研究所的考試科目，和現在學的不一樣，眞是辛苦了，要加油！想不到他告訴我，我要考的是環科研究所，因爲我媽叫我考的。這讓我很匪夷所思啊！即使這位同學將來取得環科博士學位了，而有人想要找心理醫生諮詢，他會找一個心理學畢業的大學生，還是環科博士呢？

其實很多人把讀書這件事的目的本末倒置了，讀書是爲了獲取知識去幫助自己發展與做貢獻，如果各位同學們讀的是你不喜歡的科系，爲何要浪費時間呢？應該及早找到自己喜歡的路，及早跟父母溝通才是！如果自己實在也不知道該走什麼路或者眞的「無奈」只能聽從父母，那就放棄掙扎，朝著這條路拼盡全力吧！因爲許多事情的興趣並非天生的，有的是因爲自己下了功夫做到優秀後所帶來的成就感，所以自己對這件事慢慢產生了興趣；就像我自己一直到大學畢業都討厭會計，但是當我進了會計師事務所工作，在領組的耐心教導與我自己認眞學習下，工作表現受到肯定，我也慢慢喜歡上會計這門學問了！

商業公司的營業外收入與營業外支出
——未預期的一切情況

營業外收入與支出，顧名思義，就是「與正常營業活動無直接關係的收益或支出，通常包括一些未預期或突發意外的收入或損失」。一般公司在這兩個會計科目中的內容並不多，營業外收入大多爲保險金賠償收入、補助津貼、投資收益與捐贈收入等等。營業外支出則有罰款、天災損失、投資損失等項目。有營業外收入是額外的驚喜，但是相對地，當然也有額外的「驚嚇」了，所以對於這些額外事務的發生，公司只能提高自己的風險防範意識，比方事前的規劃與內部控制還有購買足夠的保險等等來降低這些風險發生的機率。在這裡，對風險管理做個簡單的介紹。但在一開始，必須要釐清兩個觀念，一個是：營業外收入與支出是指未預期或突發意外的損失。但是如果是公司自己因爲沒有盡到應盡的注意而導致損失就不算營業外支出的範圍。例如：不可抗力的天災損失屬於營業外支出，而工廠本身管理不良造成的存貨盤虧則屬於銷貨成本。第二個觀念是：要減少未預期的損失，只能透過事前盡力做好風險管理，然而仍存在損失發生的可能，所以風險管理並不能完全消除損失發生的可能性，只能儘量減少。公司在財務上運用的避險措施也只能將損失鎖定在一定範圍。接下來就可以正式講講風險管理了。

「風險」是「發生不幸事件的概率。即某一特定危險情況發生的可能性和後果的組合。」所以「風險管理」是透過辨識、衡量（含預測）、評估來管理風險，採取有效方法設法降低成本；有計劃地處理風險，以保障企業順利營運。那麼要如何有計劃的處理呢？主要有以下三個步驟：

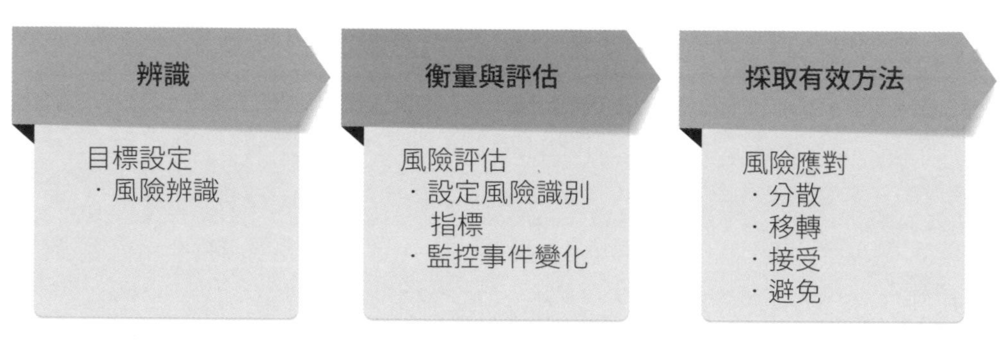

圖8-1 風險管理三步驟

由Andersen Consulting發展的風險識別分析框架中，將風險分爲三種類型，第一種是環境風險，是指影響經營模式變動的不確定性，在商業公司的運作中包括競爭者、股東關係、法律、行業特性、金融市場、資金充足性、災難性損失……等等因素。第二種是過程風險，是指影響經營模式實施的不確定性，在商業公司的運營中包括了營運風險、授權風險、廉政風險、財務風險與資訊技術風險等等。第三種是決策所需資訊風險，是指影響作出價值創造決策所需資訊的可信性與可靠性的風險，在商業公司的運營中包括了營運、財務和戰略因素。以下列舉幾個例子來簡單的應用這個風險識別分析框架。

表8-1 商業公司營運過程風險識別分析

業務	目標設定	風險識別	風險評估	風險應對
銷售	明年度銷售額成長50%	客戶信用記錄	貨款呆帳風險發生的機率：低	維持客戶信用管理
		公司產能統計	公司產能不足風險發生的機率：高	準備評估擴廠事宜
				尋找配合良好的外包廠商
		客戶財務報表定期審核	客戶財務狀況看好增加訂單機會：高	維繫客戶關係
		行業調研報告	明年行業景氣上升機率：高	開發新客戶
採購	明年度原料採購成本率降低15%	原物料價格漲跌趨勢	原料價格上漲風險發生的機率：高	尋找替代原料
		行業研究報告	來年行業景氣上升機率：高	簽訂長期合約
				調整售價方案
人力	下個月加班時數降低10%	人員請假狀況預估	人員請假機率：高	請假人員提前做好工作規劃
		前端部門資料提供狀況	前端部門溝通不良機率：高	預先與前端部門溝通資料提供流程
		職務代理人制度	職務代理人制度健全	提前告知職務代理人進行工作規劃

商業公司的風險管理非常重要，所以越來越多的公司重視起風險管理人才的引進以及對內部控制也越來越重視，都是爲了能及早防範可能的風險，不會使公司長期以來的努力毀於一旦。接下來，就進入人生公司的應用環節了。關於商業公司的營業外收入將在下節的人生公司中探討。

人生公司的營業外收入與支出
——所有的出乎意料

人生中也有許多「未預期或突發意外的收入或損失」，未預期的收入包括：中獎、紅包禮金、投資收益、遇到老友的驚喜、貴人的及時幫忙等等。未預期的損失則包括：意外受傷、錢包被偷、被爽約、被栽贓、不小心跌倒、投資失敗等等。不過人生公司與商業公司仍有一些本質上的差異，因爲人生公司的業績成果並不完全以金錢論斷，人經過思考會變得成熟，所以俗話說：「不經一事，不長一智」，就是說也許一個人遭受了損失，但是讓自己得到更多的經驗或智慧。也有人說：「因禍得福」，有時人的機運不同而衍生出一些奇蹟，我記得多年前曾在報上看過一則國外新聞，有人遇到車禍被撞傷頭部，結果醒來後竟然變成了一個數學天才。因此一件事情不能只單看一面。但即便如此，人生公司也應該做好風險防範，畢竟被撞了頭以後變成數學天才的新聞只有那一則啊！下面我們試著將安達信的風險識別框架運用到人生公司裡。

比照Andersen Consulting的風險識別框架，人生公司的**環境風險**則爲影響生活與工作模式變動的不確定性，包括本身條件、握有資源、社會發展趨勢、所處環境競爭者等因素。**過程風險**則是影響生活與工作模式實施的不確定性，包括人際間評價、穩定性、他人對我的影響、周圍發生的重大事件。決策所需**資訊風險**則是影響作出價值創造決策所需資訊的可信性與可靠性的風險，包括資訊來源、及時性、充足性等等。人生公司的風險從小

到大一直在身邊環繞，例如：安全風險、選擇科系風險、交友風險、就業選擇風險、投資風險、健康風險……等等。我們一樣可以像商業公司一樣有系統的分析並找出應對方法。

說到風險的應對，有一個著名理論「墨菲定律」就一定得提到了，這是大家熟知的一個管理理論，「墨菲定律」起源於1949年，美國愛德華茲空軍基地的工程師愛德華・墨菲（Edward Murphy）上尉參與了一項測定人類對加速度承受極限的實驗—MX981火箭減速超重實驗。其中有一個實驗專案，需要將16個感測器固定在受試者座椅的支架上，墨菲上尉認爲絕對不可能出錯，想不到竟然全都出錯了。所以墨菲上尉彙總了這些經驗歸納了四點：一、任何事都沒有表面看起來那麼簡單；二、所有的事都會比你預計的時間長；三、會出錯的事總會出錯；四、如果你擔心某種情況發生，那麼它就更有可能發生。這個理論的原句爲：如果有兩種或兩種以上的方式去做某件事情，而其中一種選擇方式將導致災難，則必定有人會做出這種選擇。墨菲定律是西方管理學三大定律之一：「事情如果有變壞的可能，不管這種可能性有多小，它總會發生。」這也告訴我們，即使做好風險管理，仍有發生損失的可能。

然而，若如果眞的發生了意外損失，又該如何面對與補救呢？在商業公司應對意外損失的方法大多爲：火災及工傷類的損失，會立即申請保險理賠、偸盜損失類的情形就報警處理、若是天災（保險不受理），那只能承受損失加上管理調整和團隊信心重整。人生公司也會遇到一些擋不住的意外損失，我們該如何做呢？

表8-2 人生公司生活中的風險識別分析

意外損失處理方式	重大傷病	偷盜、損失、被騙錢	升學、事業、比賽意外失利	天災	情感變故
行爲上	配合治療、保險理賠、規劃經濟	報警處理、規劃經濟、吸取教訓、做好未來的防範措施	再接再勵、規劃轉換跑道	承受損失、規劃經濟、轉化爲正向積極行動	正常生活不能停頓
心態上	保持樂觀、不要自暴自棄	不要沉溺在後悔情緒中	向前看	從負面情緒中走出、轉化爲正向積極心態	堅強、學會放下

上面說完了人生中的營業外支出後，我們也來談談營業外收入。雖然營業外收入是意外之喜，但是重要的是我們不可存有僥倖之心。在人生公司的營業外收入中我唯一想提的是「得到貴人的幫助」。人的一生中很多成功並非只靠自己，當有人願意在你遇到困難時拉你一把，往往成了致勝的關鍵。很多人會說那些容易遇到貴人的人是因爲「命好」、「命中帶貴人」，我並不這麼認爲，我認爲貴人也能夠由自己找來。俗話說：「一命、二運、三風水、四積陰德、五讀書、六名、七相、八敬神、九交貴人、十養生、十一擇業與擇偶、十二趨吉要避凶。」這是古時候傳下來可以改運的各種方法，一命和二運是出生時的八字所定，已經無法更改，但是我們可以靠好風水，因爲居所的乾淨清爽能使得身體健康、頭腦清楚；還有積陰德，這指的是廣結善緣，留給別人好印象，那麼當別人肯定你、信任你時，有好機會的時候，當

然第一個想到的是你啊！「廣結善緣」這四個字，一直以來很多人都認爲是要捐錢或是送人東西就好，其實這狹隘了！我們可以用各種方式對人釋出善意、幫助弱勢的人、當我們接受幫助時我們也要心存感恩之心、還有當我們與人共事時，我們要與人互助合作盡責完成任務、做任何事情都要記得體諒他人感受、平時在自己的工作崗位上要盡心盡力、有餘力時協助同儕，這些都是廣結善緣的表現，如果你身邊有這樣一個人，有好的機會你會不想推薦他嗎？所以只要我們隨時隨地做好自己的本分並且替別人設身處地著想、有餘力時也常對別人施與援手，那麼，貴人就在你身邊！

人要時時存有感恩的心，有時我們接受了幫助卻不自知，比方我們從小受義務教育這麼多年，到了大學、甚至研究所，你們以爲每學期交的學費就夠讓學校提供學生所有的師資和文獻資料庫和設備嗎？其實是不夠的，那些不足的部分都是你不認識的納稅人貢獻的啊！還有我們闔家團圓的除夕夜，還有多少人默默堅守崗位沒有回家與家人團聚，比方家裡社區的管理員、電視台播放特別節目的工作人員……他們其實也大可以請假回家，但是他們還是選擇留在工作崗位上盡心盡力的服務。如果一個人能時時心存感恩，那麼他必定能夠體諒別人，也願意對別人伸出援手，還能學習謙卑不自大，這是一個良性循環，如果整個社會都是這樣的人，那是個多美好的畫面呢？

人生充滿了許多不確定，這一生的過程才有多彩多姿的風景。有時有意外的驚喜，有時又來個驚嚇！但不管前路是平坦還是崎嶇，我們都應該以樂觀態度迎接才對。

第九章　所得稅

政府的錢從那裡來——飲水思源

所得稅分爲營利事業所得稅（企業所得稅）及綜合所得稅（個人所得稅），是企業或個人按其各類應稅收入或利潤一定比例依法應繳給國家或政府的費用，也是政府的主要收入來源。根據財政部統計資料，我國中央政府的收入超過80%來自課稅收入，而課稅收入中超過40%爲所得稅（2022年甚至達52%），其次爲營業稅、證券交易稅、貨物稅及關稅等（如表9-1）。

表9-1 臺灣賦稅收入統計——按稅目分

單位：億元；%

		2022年		2021年		變動	
OECD分類	稅目	賦稅收入	結構%	賦稅收入	結構%	賦稅收入	結構%
總計		32,191	100%	28,471	100%	3,449	0%
所得稅系小計		17,673	55%	13,420	47%	4,252	8%
消費稅系小計		10,141	31%	10,019	35%	122	-3%
財產稅系小計		4,377	14%	5,302	18%	-925	-5%
所得稅系	營利事業所得稅	10,243	31.8%	7,018	24%	3,225	7%
	綜合所得稅	6,499	20.2%	5,302	18%	1,197	2%
	土地增值稅	930	2.9%	1,100	4%	-170	-1%
消費稅系	營業稅	5,284	16.4%	4,994	17%	290	-1%
	貨物稅	1,517	4.7%	1,801	6%	-284	-2%
	關稅	1,414	4.4%	1,333	5%	81	0%
	菸酒稅	727	2.3%	709	2%	18	0%
	使用牌照稅	680	2.1%	670	2%	10	0%
	健康福利捐	295	0.9%	302	1%	7	0%
	印花稅	157	0.5%	144	1%	13	0%
	特種貨物及勞務稅	38	0.1%	36	0%	2	0%
	娛樂稅	16	0.1%	12	0%	5	0%
	特別及臨時稅課	13	0.0%	20	0%	-7	0%
財產稅系	證券交易稅	1,756	5.5%	2,754	10%	-998	-4%
	地價稅	943	2.9%	902	3%	41	0%
	房屋稅	854	2.7%	833	3%	21	0%
	遺產及贈與稅	570	1.8%	531	2%	40	0%
	契稅	155	0.5%	178	1%	-23	0%
	期貨交易稅	100	0.3%	105	0%	-5	0%

1. 資料來源：財政部統計資料（數字小計與總計有尾差係取位至億元四捨五入所致）
2. 依OECD（經濟合作暨發展組織）稅收分類，政府賦稅收入分類爲所得稅系、消費稅系及財產稅系。台灣以所得稅系與消費稅系爲主要的稅收來源，兩者合計約占85%。

爲何要繳所得稅呢？自己辛苦工作獲得的利益要回吐一部分給政府，大部分的人一定不樂意，但政府只是一個團體，沒有自己的資本，有了這些稅收後才可以用來建構基礎設施、培育人才、立法維持社會秩序、創造穩定有序的生活及經濟條件，提供給創業者、經營者專注業務發展及經營的大環境，企業或個人得以運用國家提供的環境資源及自我優勢爲自己創造收益。

我們如果把政府視爲一個公司，個人跟企業就是消費者，消費者日常享受政府提供有形、無形的公共建設及服務，透過繳納所得稅的機制付費，則所得稅就是政府的營業收入，政府運用這些稅收持續投入社會福利、教育科學文化、經濟發展及國防支出等促進國家永續發展的需要，所以要求企業及個人按利潤提繳一定比例的所得稅給國家來維持健全的經營環境其實是互利互惠及對自我再投資的經濟循環，從飲水思源、使用者付費及再投資的角度來看是否就覺得寬心多了呢？

或許你還是學生，經濟尚未獨立，沒有繳納所得稅的義務，卻也享受著政府提供的各項公共建設及社會福利，但很多學生懂得利用課餘閒暇參與志工服務、環境保護、關懷弱勢兒童及老人等公益慈善活動，這也未嘗不是另一種回饋社會及國家的所得稅。

同樣的，我們也可以把家庭財務視爲一個公司來經營，我在出社會工作領到第一個月薪資後，就開始每月支付父母定額孝親生活費直到目前一直沒有間斷過，我把它視爲是一種家庭制度下的所得稅，畢竟父母從小拉拔我們長大，給我們受教育、提升個人價值及能力的成長環境，在我們因此而受惠茁壯的同時，應該有飲水思源的反饋，當然，這個反饋不一定只有物質的形式，也可以是日常對家人的關懷照護及陪伴。

●試著想想當你有餘裕的金錢、體力、時間時你可以貢獻在哪裡？

你賺的錢有多少掉進政府的荷包——巧婦難為無米之炊

各國稅制及稅率多有不同，國家稅收通常以一個國家國內生產總值（GDP）（註1）的百分比來衡量，我們可以用國家賦稅收入占GDP的比率（即國民租稅負擔率）（註2）來衡量、比較一個國家國民租稅負擔的輕重，而整體稅率的高低也可以體現一個國家對稅收的依賴程度。台灣稅制種類繁多，常被人民以「中華民國萬萬稅」作爲消遣，年輕時聽到這句話以爲政府課稅很重，但根據財政部統計資料，臺灣的平均國民租稅負擔率在2020年至2022年分別爲12.1%、13.3%及14.2%，與國際間其他主要國家相比（如圖9-1），這比率明顯較低。而歐洲國家享有較完善的社會福利所以國民租稅負擔率較高可想而知，但台灣的租稅負擔率卻還低於其他亞洲國家及美國，主要是因爲我國扣除額、免稅額較高，從納稅人的角度來看，擁有較低的租稅負擔率是好事，也是國家吸引人才的誘因之一；但從國家的角度來看，如果長期維持較低的有效稅率，也可能會因稅收不足而影響國家建設及發展，畢竟巧婦難爲無米之炊，這對人民整體而言反而不一定是件好事。

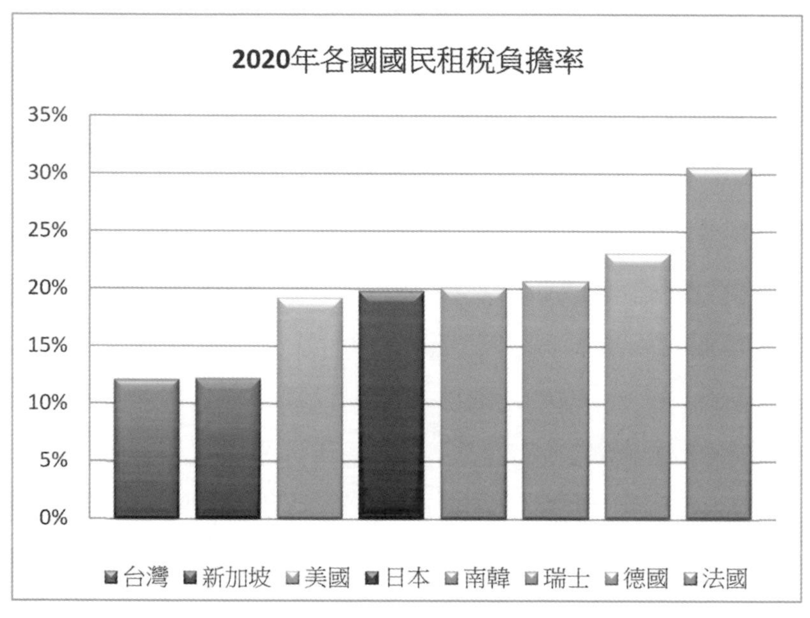

圖9-1 各國國民租稅負擔率（資料來源：財政部統計處）

● 站在家庭成員的角度思考，如果你是家庭主事者，你會願意分配多少個人所得或時間在家庭共同支出及活動的家庭稅捐上，然後保留多少給自己呢？你會與你的另一半或其他家庭成員來訂定這遊戲規則嗎？這裡所指的家庭稅捐不只僅僅是金錢，也可以是時間或親情關懷，表9-2可以作爲參考。

表9-2 人生公司的稅捐相對於商業公司的稅捐

支付對象	國家	社會	家庭
稅賦來源	企業／個人	企業／個人	個人
範圍—直接與交易相關	消費稅、財產稅	—	房屋修繕、房租、水電
範圍—非直接與交易相關	所得稅	慈善捐款、志工服務	孝親支出、年節紅包、親子活動
用途	社會安全、經濟發展	醫療、教育、環保、急難救助、公益	生活開銷、育樂陪伴
目的	安全環境、增強經濟實力	分攤國家負擔、提升社會整體發展	舒適環境、豐富生活品質、能力提升

除了荷包失血，繳稅的好處在哪——羊毛出在羊身上

當一個國家的GDP下降時，稅收也會跟著下降，這可能需要調整課稅範圍（稅基及稅源）或稅率來平衡其財政收支。但調高稅率或增加稅源就一定能增加稅收嗎？其實政府要增加租稅收入，並不一定只有加稅一途，更重要的是促經濟發展帶動GDP成長來達成，持續3年多的COVID-19大流行及俄烏戰爭擾亂了全球的經濟活動，各國不同程度的採取若干封鎖干擾了商業活動，造成失業率推升、生產活動放緩、商務和休閒旅遊大幅下降。這些因素都會影響GDP進而造成個人和企業所得稅、營業稅以及消費稅徵收的下滑，影響國家的稅收和永續發展支出預算。我們

常常聽到政府爲了吸引企業投資而給予企業特別稅賦優惠政策，其實是放長線釣大魚，目的就是爲了活絡經濟進而促進稅收。例如，美國爲了提升其境內半導體生產量並與中國大陸抗衡，祭出〈2022年晶片及科學法案〉，預計提供520億美元推動美國半導體生產與研究，並爲投資晶圓廠提供約240億美元的稅收減免，提供優惠條件積極要求台積電在美國擴大投資（雖然從台灣台積電的立場整體而言不一定是優惠），美國總統拜登（Joe Biden）甚至親自出席台積電2022年12月在美國亞歷桑納州鳳凰城新建晶圓廠設備到場的活動，這不僅僅爲亞利桑那州和全美創造更多就業機會，更是在爲重建美國半導體供應鏈佈局，這些都是爲了鞏固自己國家未來長久經濟領導地位所做的策略規劃，因爲經濟成長了，稅收自然就隨之增長，而美國政府的這520億投資經費從哪來呢？羊毛出在羊身上，當然是來自人民跟企業的稅賦收入，但最終受惠的對象其實也是人民及企業，端看你如何去運用這些政府創造的公共資源，在賦稅供給共生循環中（圖9-2），將它轉換爲自己的利益。

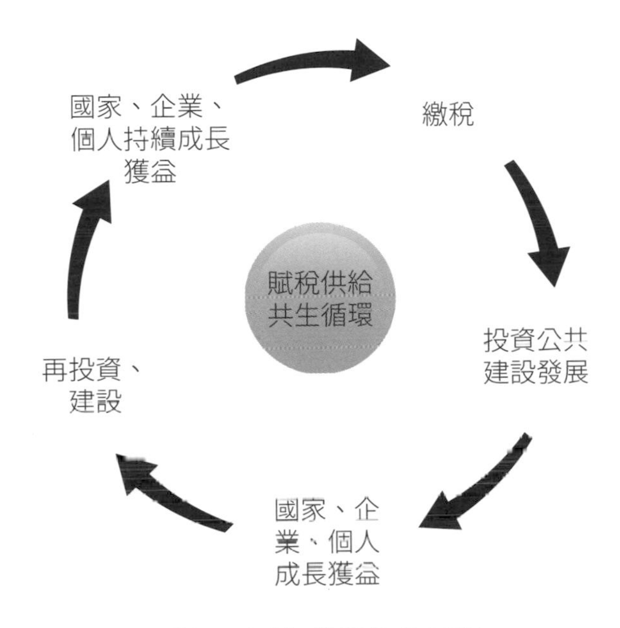

圖9-2 賦稅供給共生循環

納稅是義務，節稅是智慧——牽一髮動全身

從表9-1看來，稅捐支出並非只有所得稅，但爲何損益表上只有所得稅被單獨列出，而其他稅捐卻被含在營業費用或資產科目中呢？這是基於支出用途及原因的不同，直接與消費交易相關所產生的稅捐會跟隨交易支出性質認列於製造、銷售、管理、或研發類支出，若是因購置固定資產而繳納的關稅則視同固定資產取得成本認列爲資產；而所得稅是依據營業利潤多寡而課徵，非與特定交易相關，故單獨列於損益表上。

雖說納稅是國民應盡的義務，是對提升生活及經濟環境的再投資，但是從納稅者及出資者的角度而言，還是希望盡可能的節省不必要的稅負支出，把錢用在自己能掌控、直接受益的地方。

稅法在很多國家都是很複雜的而且隨政治經濟環境政策變動，所以在會計學領域中通常又將會計專業區分爲商業會計及稅務會計，商業會計負責記錄、分析經營活動的過程及成果，而稅務會計則專注在如何透過交易流程的安排及投資、收支的分配，善用當地政府提供的投資抵減及稅務優惠政策以合法減輕稅負。

投資架構與交易模式不同都可能產生不同的稅負，較具規模的企業通常設有獨立的稅務部門來負責稅務規劃，尤其是跨國集團，企業設立選址除了業務面考慮產銷供應鏈、生產面考慮人力資源等等製造成本，也需考慮國際間租稅協定及當地稅制對企業各項交易稅負成本的差異，這裡所指的稅負不僅僅是所得稅，還包括營業稅、關稅、貨物稅等因企業生產營運而產生的消費稅，及取得資產所負擔的財產稅，如房屋稅、證券交易稅、遺贈稅等。

如果說營業額是業務人員的績效指標，那麼降低有效稅率[註3]及整體租稅負擔率就是稅務會計的重要績效目標，所以稅務會計對企業利潤的保護扮演著重要任務，畢竟稅法條文及查核準則上千條且變動又快，交易模式選擇不當就可能增加營業成本，申報錯了還會被罰款又加計利息，還得不時跟稅務局查帳人員鬥智鬥勇，牽一髮而動全身，所以了解法規立法緣由、隨時注意法令變動並對其與企業營運交易模式關聯變化保持敏感度是稅務會計人員應具備的首要條件。

這裡舉一個我多年前在大陸工作時親身經歷的一個案例：當時我服務的公司新接了一筆專案，需投資上千台設備生產，由於投資金額龐大，最終談定由國外客戶採購設備供我方生產使用，設備**所有權歸屬**客戶而我們公司只負責申報設備進口並依規定繳納進項增值稅，由於該設備屬於鼓勵進口項目所以減免了進口關稅，我們認爲談了一筆低投資成本的生意而興高采烈，因爲進項稅額是可以跟銷項稅額抵扣的，對我們來說就是零成本獲得了一批設備的**使用權**，同時綁住了客戶而保障未來訂單源源不絕；然而事情並沒有那麼簡單，2年後客戶因爲訂單分配的考量要求我們將部分設備移轉到另一家供應商，所以我們將部分設備申報出口轉運給客戶指定的供應商，這個時候，當地稅務局找上門了，要求我們更正之前申報的該筆進項稅額抵扣，理由是稅法條文中【增值稅一般納稅人購進（包括接受捐贈、實物投資）或者自製（包括改擴建、安裝）固定資產發生的進項稅額，可憑增值稅扣稅憑證從銷項稅額中抵扣。】所提的固定資產可抵扣進項稅額指的是納稅人擁有所有權的固定資產，而我們公司的情況並不適用，因爲我們公司對於該設備只有使用權並無所有權，所繳的進項稅額不屬於固定資產範圍，所以我們被要求退回數百萬美金已扣抵的稅額，這對公司來說就是一筆意料之外的成本，因爲時隔2年，當初的交易條件並未考慮此項稅費，客戶也不願意在售價上吸收此項成本，最後只能與稅務局展開鬥智鬥勇的長期抗辯之路。

稅法條文字字有玄機，如果事前對相關法令實務操作有足夠的研究及了解、對業務交易模式的討論提前參與、溝通，就能在業務部門與客戶協商交易模式及報價策略時做出最佳安排及選擇。所以企業裡專業的稅務人員不僅得熟知法令規範，還須跟得上公司業務營運變化的腳步，才能夠提供最佳稅務規劃、協助業務決策，爲企業守住全體員工辛勤勞動的獲利成果。

註1：GDP=消費+投資+政府支出+淨出口，是一個國家基本商業活動的加總，也是衡量國家經濟狀況及人民生活水平的指標。
註2：國民租稅負擔率是指政府賦稅收入占國民生產毛額的比率。
註3：一般稅法上所規定的稅率是「名目稅率」，指的是應納稅額佔課稅所得額（註4）之比率；而「有效稅率」在不同的研究用途可能有不同的定義，這裡指的是當期所得稅費用占稅前淨利（未減去免稅額及扣除額）的比率，便於與名目稅率比較，是能更精準衡量租稅負擔及企業租稅規劃結果的重要指標。
註4：課稅所得額是財務報表上的稅前損益扣除稅法規定的免稅收入、扣除額及稅務上不予認列的支出。

第十章 合併

進入這個章節前先恭喜你即將邁入會計學的最高階段——高等會計學，這裡談的不再只是孤軍奮鬥的單一公司，而是運用策略聯盟、群體戰來擴展商業版圖、更上一層樓的境界；從人生的角度來看就是已經在職場稍有歷練可以成家立業、獨當一面，想更進一步展翅高飛的階段。

企業併購的機會與挑戰——不再是孤軍奮鬥

企業併購法第4條中定義併購包含公司之合併、收購及分割，顧名思義併購是**合併**與**收購**兩種公司財務活動的統稱。

合併概念上是指兩個或兩個以上獨立的公司，將其業務合併成一個新公司，或是一個公司收購另一個公司，整併其營運資源，以期合併後發揮1+1>2的效益來持續維持成長。從法律的觀點來看，因爲存續個體的不同，分別稱之爲創設合併（Consolidation）及吸收合併（Merger）。而**收購**從會計的觀點來看，因爲會計處理的不同，可區分爲控股合併及資產收購。

中國古代透過和親關係的建立來確保不同民族間的和平共處和加強國家之間的關係，同時因爲異族的聯姻也帶動文化交流及促進經濟繁榮發展。戰國時代各國爲擴展勢力版圖不斷展開兼併戰爭以獲取土地、財富、人口，一直到了秦滅六國統一中原，才結束了中國自春秋以來長達500多年的諸侯割據紛爭的戰亂局面，建立了中國歷史上第一個君主中央集權國家。

如同古代的各民族政治聯姻、各國爭奪霸權、強國併吞弱國，都是為了促進國家民族的永續發展及生存。而對於企業來說，也同樣有異曲同工的操作，靈活的經營者為了市場拓展或技術發展或業務轉型或成本綜效等等目的以維持企業永續發展及生存，依其所處經濟情勢、公司發展需求及法規規範而發展出多種併購的操作模式，包括各種形式的公司合併、資產移轉、股份取得、營業讓與和業務合作聯盟等方式的公司與公司間的資產及股權交易。一一舉例如下：（以下案例取材自歷年報章媒體報導）

1. 創設合併（Consolidation）：指兩家或多家公司在合併後，參與合併的公司皆解散而另外成立一個新公司，由這新公司承受所有解散公司的資產與負債。例如，2015年美國化工業巨頭Dow Chemical和DuPont達成合併計畫，並在2017年完成合併交易，當時這兩家美國百年老牌企業正面臨農業科學產業商品價格下滑的壓力，收益不斷受損，因兩家公司產品組合高度互補，便以換股方式合併成為「陶氏杜邦」單一控股公司，合併後的公司又進一步整合農業供應領域業務，把主要業務拆分為三間子公司，分別負責材料業務、特種產品解決方案和農產品業務，透過合併拆分後兩間消滅公司原來的每項業務都能因規模效益而節省成本並促進業務成長。
2. 吸收合併（Merger）：指兩家或多家公司在合併之後，被併公司解散，而所有的資產與負債皆由存續的主併公司吸收。這操作就好比前面所提的，秦滅六國統一中原以擴展勢力版圖，例如2022年富邦金控公開收購日盛金控股權與之進行現金合併，合併後富邦金控爲存續公司，日盛金控爲消滅公司。兩金控銀行整併後，富邦金控接收了原日盛金控的分行及客戶群，其分行數成爲台灣民營銀行之冠、客戶群增加，有助於提升資本效率、達到成本優化，提升財富管理、證券經紀、融資券業務等銀行及證券業務市場占有率，擴大整體規模經濟與效益。這種操作很常運用在企業快速拓展市場或新品開發上，像全球規模最大的藥廠輝瑞（Pfizer）就經常用併購的方式取得新藥專利或取得技術來彌補階段性研發瓶頸，畢竟開發新藥須要經過長時間的臨床試驗，而且也不一定保證成功，併購對於資本雄厚的企業來說不失爲快速擴張及維持市場領先地位的有效方法。

3. 控股合併（Stock acquisition）：指收購公司購買目標公司全部或部分的股權（通常爲大於50%以具有控制權），使被收購公司成爲轉投資事業的一環。收購公司依持股比例承擔被收購公司的資產、負債、權利與義務，與前面所提吸收合併不同的是，被收購公司不會因此股權收購行爲而消滅，只是股權及經營權易主。例如，2017年Amazon以137億美元的價格收購了Whole Foods，一家以健康有機食品和雜貨爲主要業務的連鎖生鮮超市。在此之前Amazon旗下已經有Amazon Fresh生鮮商品網購業務，而生鮮食品銷售的挑戰之一就是易於腐敗不能囤貨，必須快速又安全的送達，供應鏈整合及物流的管理相對重要，而此收購案帶來了超過460間位於美國、加拿大和英國的實體店面及與數百位農夫和熱門健康食品公司的供應鏈，有助於Amazon將Whole Foods的實體店面和供應鏈與其網絡平台Amazon Fresh生鮮商品訂購及運送服務相結合，以既有Whole Foods店面作爲發貨點，加速在地化商品的運送，讓Amazon進一步踏進生鮮雜貨線上線下的銷售領域，加速拓展了Amazon在電子商務和實體零售領域的佈局。而對Whole Foods的業務而言，被收購後核心理念並沒有太大的變動、品牌沿用。在被收購前，由於健康食品市場競爭升溫使得Whole Foods的銷售額連續7個季度下滑，面臨高成本和店面擴張的瓶頸，Whole Foods股東一直在尋求賣掉公司，而Amazon的接手及資源垂直整合正好解決這壓力，運用其既有資源與品牌名聲幫助他與其他零售商競爭者在激烈市場上一爭領導地位。

4. 資產收購（Assets Acquisition）：指收購公司只購買目標公司的財產或業務，屬於一般買賣行爲而非股權或控制權移轉，收購公司不需要承受被收購公司的負債及其他義務。例如Google在2014年將其Motorola手機部門以21.6億美元現金加上7.5億美元聯想股份的對價出售給聯想。聯想接手了原Motorola手機部門的員工並獲得超過2,000個行動通訊專利技術和知識產權、既有品牌和商標使用權及全球 50 多家運營商的合作關係，藉著此次收購，聯想得以從PC領域快速進軍行動裝置領域。而對於Google來說，則是剝離其非核心業務獲利了結，各取所需。
5. 合資（Joint venture）：指兩個或兩個以上獨立法人，評估自身的需求與雙方的優勢後，分別出資金或勞務共同成立一個新公司或進行一個特定項目的合作。例如：2001年Sony與Ericsson雙方各自持股50%，整合兩家全球手機業務，在英國倫敦成立新公司「Sony Ericsson」推出新的手機品牌，希望藉此擴大全球市占率。此一合作案對雙方都有益處，Sony可藉重Ericsson既有的研發團隊、全球銷售通路等優勢，成功跨出日本進軍全球手機市場；而Ericsson則可利用Sony在消費電子產品的設計能力及多媒體內容，強化全球市場競爭力。這種合作而非合併的方式，利用企業間的合夥關係，技術資源互補，可以縮短研發或進入市場時程並且分擔財務風險，操作上較前面幾種都單純且普遍。然而合作不一定是永遠的，2012年Sony與Ericsson終告分手，Sony買回另50%股權，將Sony Ericsson併入旗下附屬公司。

6. 分割：指企業將其可以獨立營運的業務及相關資產分割獨立成立另一家公司，目的為提升個別核心競爭力或重新分配公司內部資源以創造更好價值，例如前面所提陶氏杜邦2017年決定將主要業務拆分為三間子公司，定調各自的市場、清晰定位就是一個很好的例子。

企業聯姻的動機及手法五花八門，這裡用一張圖來彙總前面所談的企業併購或合資的方式及其策略：

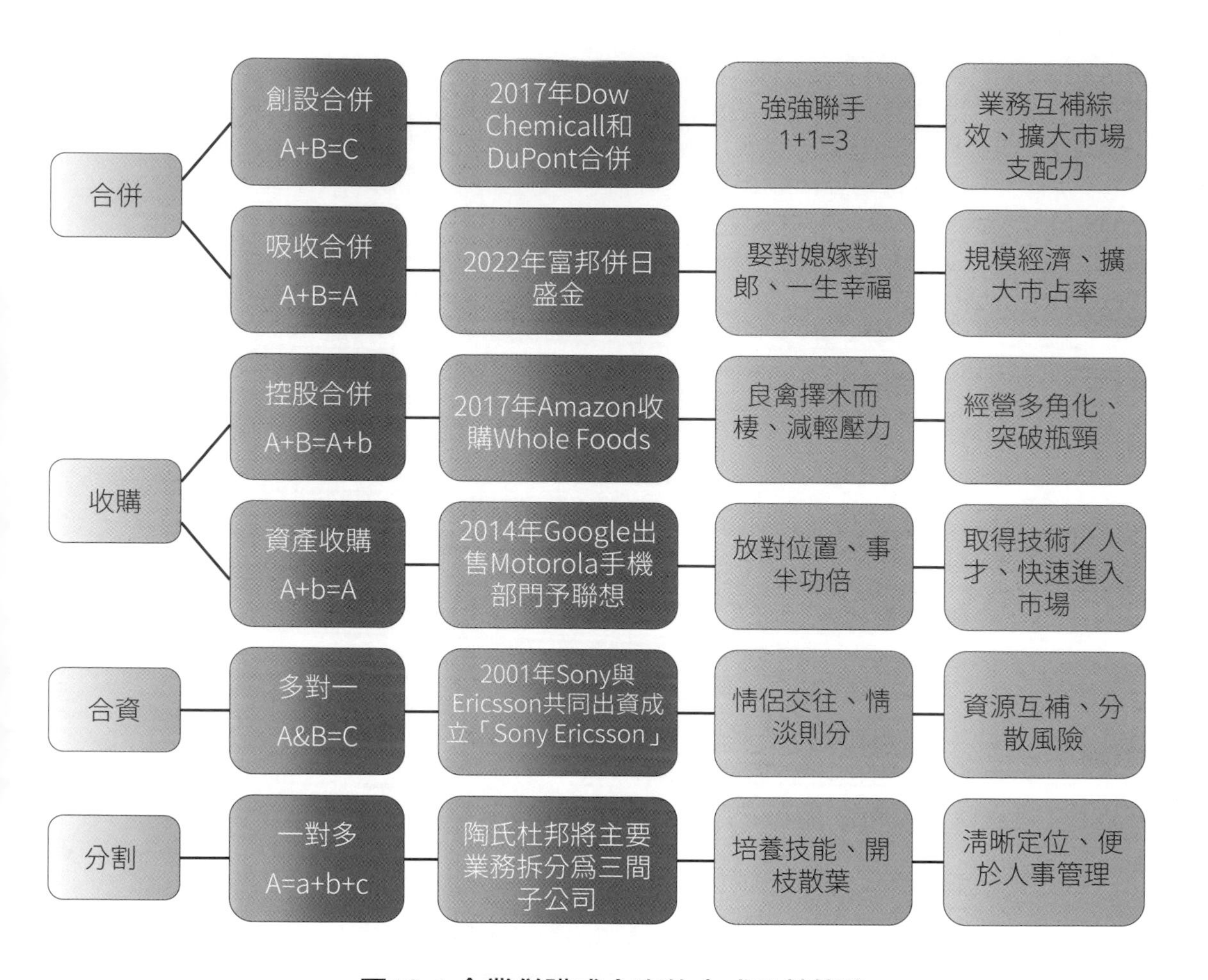

圖10-1 企業併購或合資的方式及其策略

前面說了這麼多大企業併購案例，並不是光有大把的資金投入就能夠促成的，風光嫁娶的背後其實有很多現實艱辛的路要走，以Dow Chemical和DuPont的合併來看，從2015年宣布計畫到2017年完成股份合併花了近兩年的時間，之後又花了18個月完成業務分拆，而在合併計畫宣布前勢必經歷數輪的調查、分析、評估與談判，才可以作出最有利可行的合併規劃。成功的併購不是「購」成交易而已，「併」的部分更是費力費時，機會往往與挑戰並存，合併之後更是像現實生活中的婚姻經營，眞正的挑戰才開始，要面對包括對內組織文化、管理階層及對外業務、供應鏈等整合的難題，同時還要展開種種業務拓展、管理、轉型等活動，才能實踐當初併購的初衷。

如何做好併購前的評估及併購後的整合——像極了愛情

結婚是人生大事，爲了確保雙方達成一致的共識且有能力共組家庭、婚後能相互扶持順利朝共同目標長長久久的前進，雙方通常會先成爲情侶交往個幾年，相互認識彼此的家庭、朋友、興趣、習慣及經濟狀況，婚前再做個健康檢查甚至簽訂婚前協議以提早發現問題、解決問題。

而企業的併購也如同人生婚姻一樣，互訂終身前需經過一連串審愼的評估決策過程，這併購前的評估我們稱之爲盡職調查（Due Diligence），是指在收購過程中收購者對目標公司的資產和負債財務情況、經營業務情況、法律關係以及目標企業所面臨的機會與潛在的風險進行的一系列調查。是企業收購兼併程序中最重要的環節之一，也是收購運作過程中重要的風險防範工具。調查過程中通常利用管理、財務、稅務、法務方面的專業經驗與專家資源，形成獨立觀點，用以評估企業現在及未來的價值、發現潛在風險及分析投資可行性，作爲管理層決策支持。這一系列的調查不僅限於審查歷史的財務狀況，更著重於協助併購方合理地預期未來。另外，盡職調查不只用於併購案，在風險投資和企業公開上市前期工作中也是重要程序之一。

盡職調查的關注點，一般包括三大部分：

1. 業務面：包括控股股東及管理團隊背景、產業發展與市場評估、環境評估、監管政策、生產運作系統、客戶、供應商和競爭對手等。目的在了解併購行業及企業文化，以降低經營及管理風險。
2. 財務面：包括財務報表、現金流、資產、債務及交易狀況的核實及企業未來價值的預測等。目的在避免詐欺風險或低估投資成本。
3. 法務面：包括公司設立及歷史沿革；工資福利和退休基金的安排；重大合同、重等大訴訟、仲裁、行政處罰債權債務等潛在法律糾紛；股務、稅務及政府優惠政策等。目的在評估管理風險，避免違約、低估投資成本。

併購後的整合重點通常會根據併購的形式及策略目標而有所不同，撇開對外品牌及業務市場的整併調整，最基本的就是企業內部文化及組織的融合及整併，企業或部門被併購後多少會出現內部組織人員的不安，而基於管理成本的考量，異中求同、汰弱留強、去蕪存菁、消除重疊則是對文化、制度及人員整合的首要目標。

在此分享我在職場生涯中有幸經歷過任職的公司被併購（控

股合併）的經驗，被併購的主體是一家上市公司集團（綠點集團），而我服務的公司（綠興）是集團中與另一家上市公司合資成立的子公司，當時我剛入職不到一年的時間，正力求表現，計畫著前進集團總部（綠點）的財務部門核心職務以爭取更高的發展機會時，卻發現有外部單位人員正無聲無息地調閱公司的財務報表，沒多久公司集團即將高價出售給外資的消息就公布了，這才恍然大悟原來先前不尋常的財務報表查核就是併購前的盡職調查。

因爲綠點當時是上市公司，爲避免影響股價，在合併條件未拍板定案前所有的調查評估都是保密進行，而消息公布後，管理層對內做的第一件事就是與員工進行安撫對話，說明員工去留的條件，從接收者的立場，公司提供留任福利留住必要員工以協助新管理者順利接手公司運作，同時也提供優退政策等誘因來減少重疊的非必要資源以降低成本，從被接收者的角度，員工則須重新審視自己能否適應新的組織文化、承擔新的工作任務，許多老員工在老董事長對員工的說明會上流下不捨的眼淚，除了對公司出嫁的不捨應該也包括對自己未知工作去向的不安吧。

由於併購方是美國上市公司，許多員工擔心公司成了外商後，語言能力會影響未來發展機會，且被併購的是整個集團包含在大陸、馬來西亞的數個子公司，而綠點台灣身爲母公司具有集團總部管理中心的優越領導角色隨之被美國總部取代，意味著台灣總部組織職務重疊的部分將面臨裁減，對財務部門而言，首當其衝的就是負責集團合併報表及資金統籌調度的管理會計單位，許多員工開始思考去留問題；資深又有能力的員工可以選擇依年資領取一筆離職補償金然後另尋伯樂或者選擇留下來適應新組織、新職務，繼續發展，而資深但能力平平的員工就有危機了，選擇離開可以領到離職補償金但不一定找的到更好的機會，選擇留下必須能適應外商的管理模式否則終究會被淘汰，而我當時年資尚淺，沒有優厚的離職補償金，只是原來前進集團總部核心的路途多隔了個太平洋而更遙遠，雖然說計畫趕不上變化，但想想自己英文程度平平居然有機會在外商工作，這改變何嘗不是一個轉機，就選擇留下了。

隨後的2～3年裡就是忙著集團內部管理、溝通、核決模式的整合，核決權限從總經理制改爲營運、業務、財務三隻腳共核制，意味著總經理的權限分散了，財務的定位不再是後端帳房，而是走到前端共同參與業務決策；郵件、會議溝通改以英文爲主，意味著員工的英文能力是基本工作要求，好處是職場提供了免費的英文學習環境；預算制度從按年編制改爲按季滾動並且從由上而下的目標導向轉爲由下而上全員參與，意味著所有部門都要對自己承諾的業績預算負責、控制，員工對於業績目標更專注；會計年度改爲非曆年制，財務及稅務、會計制度、成本結算邏輯改依美國公報準則及法令爲準，財務報導幣別改以美元爲主，如果美國法規要求與各子公司當地法規不一致的，必須區分差異並同時滿足美國法規及當地法規需求，財務人員不僅得熟悉本國法令，也學習了國外法令；各子公司陸續導入與國外母公司相同的ERP系統（這個部分共花了5～6年的時間才全部完成），這種種的改變是挑戰也是擴展經驗跟學習的機會。

相較於生產單位握有不易移轉的生產技術及業務單位深耕於

掌握市場及客戶的動向，財務人員守規則、服從指令的職業特質加上財務作業流程多有通則法規可循，從人員職務的去蕪存菁、汰弱留強到作業制度異中求同的改變，財務部門是最容易被整合的單位，也就是最容易被取代的職務，所以財務部門的彙報體系很快地就整合到美國總公司組織下。

整合後我們明顯發現到中西文化差異，舉個例子，有次出差上海開跨區域會議，來自中美各地的同仁們都同住在一個酒店，撇開房費貴不說，早餐還得額外付費，於是雪花飄飄、寒風刺骨的天氣裡，一群台灣來的同事們習慣幫公司省錢，便早起走到附近的肯德基買人民幣二、三十元的漢堡早餐，而回到酒店卻看到外國同事不疾不徐的在酒店內吃上百元人民幣的自助式早餐，當下我們大徹大悟：差旅費報銷權益都是一樣的，爲何我們不大方享受公司給予的權益。所以隔天大家也跟著一起吹著暖氣悠閒地享用飯店內早餐。

另外，在會議上，我們也發現了中西員工行爲特質的差異，東方員工多屬實力派，實務經驗豐富且使命必達，卻不擅表達，而西方員工則是演技派，說的比做的多，很會行銷自己的意見。從對專案及部門的命名就可以感受到明顯的差異，同樣是設立會計作業共享中心的專案，我們命名爲「Shared Service Implementation」，他們命名爲「Golden Star」；優化作業流程的專案我們稱「Business Process Optimization」，他們取名「Project Fusion」；會計作業集中處理單位我們稱之爲「Shared Service Center」，他們命名爲「Accounting Excellence」，一個是坦白直接的量販賣場，一個是優雅高尚的精品百貨，哪個更能售得高價、更容易博人眼球顯而易見。所以幾次會議下來我們體認到，要能夠讓自己的專業跟價值貢獻被看到，就必須練就出「出得廳堂、入得廚房」演技與實力內外兼具的能力，才能在這樣的環境下屹立不搖的存活發展，從那時候開始，每次的跨部門、跨區域會議對我來說不只是英文聽、說課程，更是表演藝術課。說到這裡，合併後的前3年僅僅是財務部門的整合，至於生產及業務組織的完全整合，按企業文化融合程度及高階管理層異動的軌跡來看，基本上花了至少10年的時間，這中間也包含股權結構的調整，清算合併了幾個子公司，而我原先服務的綠興公司也在併購案完成的幾年後消滅合併到綠點，幸運的是在那之前我已經從綠興轉到綠點，算是完成了當初前進核心組織的目標。

●你的人生中經歷過那些併購活動呢？是機會還是挑戰？你如何成功應對？未來還有哪些可能的機會？你該如何把握呢？

合併或合資在人生的應用——創造1+1>2的人生

人生中求職的過程其實也可以視爲一種併購行爲，我在初出社會時完全沒有概念該找什麼行業的工作，只知道正確的第一步很重要，就想著應該要找一個可以快速接觸不同產業，完整認識一間公司基本運作的工作，來幫助我弄清楚以後的工作方向，所以就鎖定第一份工作先進大型的會計師事務所，因爲大型事務所相對專業，提供的訓練也比較完整，對於剛畢業沒有經驗、沒有判斷力的新人來說，不用擔心學到錯誤觀念而不自知，而且事務所的客戶各行各業都有，每種行業公司運作的特性都不同，可以幫助我完整有效的認識一般公司整體運作職能，而我很幸運的在學期結束前就面試上了想進的事務所。這個確立個人需求及目標、評估該把自己銷售給什麼樣條件的公司來達成個人目標以及公司徵才、選才面試的過程，可以說是個人求職及企業求才，各取所需、達成共識的**盡職調查**；企業用薪資報酬收購個人的時間及專業爲其付出，並提供學習發展的平台供個人累積經驗實力，而個人付出時間及專業爲企業創造業務產值，雙方各有付出及收獲，我們可以說這是個**合資**行爲。

而合資之後仍需持續評估是否持續對雙方產生效益，如果有任一方認爲效益不如預期或已經不復存在，就可以選擇分手。我在事務所工作六年累積了財務及稅務報告編制、審計、內控設計的深厚實力達成了階段性目標後，想更接地氣的轉換跑道參與企業經營管理活動，而大型事務所工作的專業訓練及經歷養成正是我職涯的跳板，總是能讓我順利謀得理想的發展舞台，並且能獨當一面勝任不同的職務挑戰，從商業併購的概念來看，離職跳槽就如同企業**分割**，企業分割出成熟的事業部讓其獨立管理、專注發展、拓展市場，而我們在職場上累積一定的實力經驗後，也會想要最大程度的發揮自己的聰明才智，實現自己的價值，如果原有的工作條件不能滿足自己的職涯規劃，離職、跳槽、轉換跑道，追求更高遠的發展就是我們的選擇了。

●我們看到企業經營者運用策略、尋找對的資源達成企業使命，爲企業創造永續發展的利基。身爲自己人生的經營者，如何利用周遭既有資源、借力使力，幫助自己在有限的生命中達成個人對於物質或精神上富裕健康幸福生活的追求呢？

許多私立學校提供高額獎學金招攬優秀學生，企業提供高薪及優渥福利吸引人才，從商業的角度來看，這可以說是學校透過收購的方法來創造高升學率以提升學校聲譽，企業收購人才來爲公司提升競爭力創造產值，而你是否有資格成爲那個被積極延攬、收購的人才呢？併購對任一方來說可以是主動的也可以是被動的，被併的那一方不一定是弱勢的一方，也可以是主動的一方，關鍵在於誰擁有更多選擇權及不可替代的條件，團體遊戲組隊比賽時，我們都喜歡找實力強、對自己有利的人組隊，怎樣讓自己成爲那個大家爭相組隊的神隊友呢？

1.讓自己無可替代

人生要握有主動權就得先把自己的條件跟能力培養好，不一定要十項全能、面面俱到，但必須某方面特別突出把別人遠遠的甩在後面，不管是人脈資源、專業經驗或健康財富，隨時評估檢視自己的定位，分析自己的專長、興趣、性格，找出自己在所處環境下無可替代的利用價值，明確目標並隨時調整自己應具備的能力，專注發展練就自己無可替代的獨門武功並樹立口碑，時機成熟時，才能掌握更多的主動權，併購結盟對的資源，幫助自己更上一層樓；面對挑戰及困難時，也要懂得推銷自己無可替代的價值，找到停泊的大港維修保養後再揚帆。

就像Amazon跟Whole Foods的併購案，其實是Whole Foods在市場競爭上遇到瓶頸主動求售，因為Whole Foods看準了自己在生鮮雜貨市場的品牌聲譽及領先地位正可以滿足Amazon的業務供應鏈中所欠缺的，而Amazon的網購平台及物流實力正可以幫助Whole Foods不須擴張店面也能帶來不同客戶群及銷量對抗市場競爭，兩者結合相輔相成。

相信每個人都有自己擅長跟不擅長的地方，在不同的情況下，運用自己的相對優勢強項，也找出他人的價值及欠缺的需求，就能夠握有主動權組成互補雙贏的團隊。

2.以合作代替競爭

魚菜共生是最近幾年興起的跨領域產業，結合水產養殖及作物水耕栽培，利用水循環以及三種生物（魚、細菌、植物）所形成的互惠互利生態系統，魚在水中產生的排泄物是可以被水生植物吸收和利用的養分，而水生植物則能夠提供氧氣和遮蔽，為魚類提供良好的生長環境，不須要額外澆水、換水，就能實現以魚養菜、以菜餵魚永續的栽培系統。不僅有效利用水資源，同時也

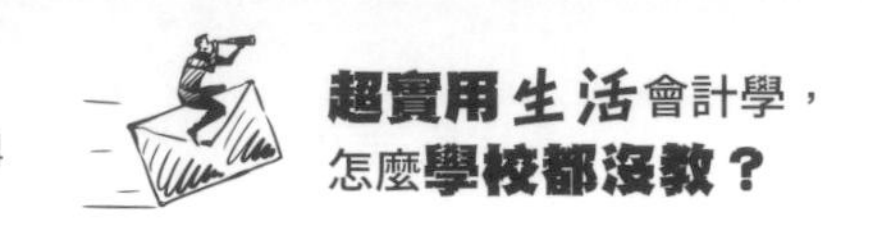

將養殖廢棄物再利用，實現相互合作、資源共享和循環利用的永續農業精神。

公司的人力資源部門在為職缺填補人才時找的是最適合的人才，不一定是最優秀的人才，高聳壯觀的偉大建築，都是由一塊塊不起眼的石塊組成，「三個臭皮匠，勝過一個諸葛亮」，說的就是不同的個體截長補短也可以相輔相成。而唐太宗李世民身邊就有這樣一對長短互補、合作無間的得力左右手－房玄齡和杜如晦，房玄齡計謀很多但行事猶豫，常常下不了決定，而杜如晦善於分析、總能當機立斷但沒有耐性，二人知己知彼，各取所長，一個負責經營策略發想、一個負責管理決斷執行，合作的非常協調，當時就有個說法叫「房謀杜斷」，他們二人共同策畫玄武門之變，在李世民稱帝後又輔佐他掌理朝政，房玄齡制定政策，提出治國方略，而杜如晦則落實這些政策的執行，主動彙報政策的實施效果，從而幫助房玄齡及時調整政策，保證政策能夠取得最大的效果，最終成就了歷史上的貞觀盛世。我們設想一下，如果房玄齡跟杜如晦兩人沒能發現對方的強項優點而惺惺相惜、共同組隊，或者這兩位左右丞相心生瑜亮情節而互相爭寵較勁，那就會限制了兩人的抱負和本事的發揮，成就也會大打折扣，不可能各自成為一代名相。

合作比競爭更能帶來穩定和長期的收益。在職場上、生活中，找到互惠互利、相得益彰的搭檔，相互合作將彼此的優勢結合起來，也可以產生像魚菜共生的化學反應、像房謀杜斷的互補增值，做到一加一大於二的綜效，共同創造更大的價值，讓自己成為更優秀的人。

3.找到人生的黃金拍檔

抄近路一定最快到達目的地嗎？二十幾年前衛星導航電子地圖剛萌芽時，有個設計導航地圖的工程師告訴我「最短路徑不見得是最佳路徑」，當時覺得這句話說得很有哲理，就記下來了，後來衛星導航流行了才知道原來他只是單純地告訴我他設計導航的圖的原則，規劃路徑時除了考慮距離還需考慮到路況、時間、不同的交通工具等，慶幸人類智慧的發展、技術的進步，現在我們有衛星導航可以根據不同的條件幫我們規劃出最佳路徑。企業進行盡職調查從業務、財務、法務三個面向評估併購對象，來確保合作案是有利且可行的，而人生中結交朋友、事業夥伴、生活伴侶也可以運用Due Diligence原則及衛星導航的邏輯，透過平時的交往互動了解其個性、興趣習慣及家庭背景，在工作中觀察他們的工作表現了解其專業能力、誠信度及人際關係，當你確定夥伴有足夠的能力和良好的信譽後再評估他們的價值觀和目標是否可以和自己相輔相成，從而找出自己在職場、生活、家庭中各個不同領域的黃金拍檔，協助自己走出通往幸福成功的最佳路徑。

企業併購的會計處理及價值體現
——跟上時代的腳步

合併會計的帳務處理與前幾章中級會計所學最大的不同是多了「商譽」（Goodwill），從會計分錄借貸方平衡的概念來說，因爲所付出的金額超過被併購企業資產負債表上的資產淨額，爲了平衡資產負債表上的紀錄，因此多了商譽這個科目。舉例來說，T公司的資產減去負債後淨值的公允價值爲10億元，但公司若持續營運，未來每年還有可能創造數億元盈利，因此你不可能只付出10億元就買的到T公司，假設我們最終以15億元吸收合併T公司變成了一間公司，T公司的資產負債表就會和我們原有的資產負債表合併，這時候問題就來了，我們都知道會計分錄的原則是借貸平衡，支付15億卻只取得10億的淨資產，那該如何在帳面上交代那5億元的差額呢？商譽的作用就是用來記錄這5億元的額外價值，屬於無形資產的一種。

而從商業的角度來看，企業創造價值的能力並不是只取決於它帳面上的價值有多高，所以商譽就是多花錢去買一個看不到但具有未來經濟價值的東西，是合併後預期能讓母公司（購入方）賺取超額利潤的能力。由此可以理解，在合併的會計原則裡不僅僅對已經發生的事實做紀錄，同時也是在記錄一個可遇（預）見及期待的現在及未來。

商人不會做賠本生意，願意多花錢併購一個事業體一定是看到帳面價值以外的商機及附加價值，例如公司的品牌價值、良好的客戶關係、專業的經營團隊、創新的專利技術等，這些都可能在未來帶來更多的業務及商業價值，都可以是商譽的一部分。

在我寫這本書的時候台積電股價每股518元，是他帳面每股淨值的4.78倍（股價淨值比），爲何投資人願意多花將近4倍的價格去買它的股票呢？我們可以說這是投資人對台積電評價的商譽。而股價是隨時在變的，取決於投資人對於未來經濟前景、公司獲利能力、未來成長性、競爭力高低的評價，同樣的，會計上認列商譽的價值也可能會改變，需每年重新評價，來評估是否需要調

整，例如原先取得的專利技術已經被市場更新的技術超越取代或者原有客戶不合作了，這個商譽就不值錢了，必須認列商譽減值損失。

現代科技瞬時萬變，社會、市場需要什麼也隨時在變，時時都有新的產品出現，舊的技術快速被取代、淘汰，例如：大家都知道Google是搜尋引擎界的巨頭，有任何問題要查詢，我們都會說「去Google一下就知道了」，但自從Microsoft與OpenAI合作推出的ChatGPT聊天機器人進步到能直接給你整合過、有條理的人性化意見回答，很快的Google的搜尋引擎很可能就會被取代了，所以曾經是AI領域標竿的Google在這方面不得不多加防備，除了加緊測試自家聊天機器人Bard外也投資另一家新創AI公司共同開發AI運算系統，以確保自己能在這百家爭鳴的洪流中站穩腳跟。

企業要永續發展才能維持商譽的價值，需要擬訂長遠的策略和規劃，在技術、產品、服務上需要持續創新，以維持市場技術領先及競爭力，另外在爲股東追求獲利的同時，社會大衆也期待企業要能將社會責任和環境保護納入策略規劃中，包括關注人才培養、員工福利、環境保護、綠能技術、節能減碳等，符合社會利益、有效利用資源才能走得長遠。

對於人生而言也是一樣的，**在職場上**，我們賣的是個人對公司的服務及專業，我們必須思路技能緊跟公司需求，專業結構不斷更新、及時調整、適時改變，才能創造比別人更好的價值，跟上升遷不被取代或淘汰，畢竟年資越久越值錢的年代已經不復存在了。**在生活中**，人跟社會是一起互動的，我們必須跟隨社會變化的潮流，更新、學習新的知識，才能享受社會進步帶來的便利。幾年前聽同事說過一段趣事，同事去大陸出差，在機場時肚子餓了想用餐，身上帶了現鈔跟信用卡，但去了星巴克跟KFC卻都無法消費，因爲店家只接受微信及支付寶等電子支付，不收現金也不收國外信用卡，這才被告知大陸連遊民乞討都已經進化到用微信掃碼收款，大媽、老爺們去傳統市場買菜用的也是電子支付，在技術、資訊更新如此快速的年代，如果跟不上時代進化的腳步，恐怕未來連塡飽肚子都有困難了，所以說活到老學到老是有道理的。**在健康上**，定期做健康檢查不一定能杜絕疾病，但能幫助我們及早發現身體可能潛在的問題，及時因應調理，以維護健康、延長壽命。**在財富管理上**，投資專家經常教投資小白懶人投資法，定期定額扣款買基金或股票，但你眞能放心懶到不去關心市場價值波動情況，以爲什麼都不做，隨著時間流逝存越久賺越多嗎？錯過了時機有可能變成虧損，所以我們還是得隨時關注市場變化，有風險及時調整投資策略，才能眞正帶來最佳獲利。更進一步的，如何讓自己的人生不只保值更能增值，在第三章已經提過，這裡就不再贅述了。

第十一章　內部控制

看完了上一章的高等會計，你以爲會計學就這麼結束了嗎？別急，還差最後一步呢，接下來帶你走到涉及初級、中級、高級會計學所有領域的綜合應用殿堂，稱之爲管理會計。管理會計和財務會計之間的主要區別在於所產出的資訊的使用對象不同。財務會計是向外部機關（如投資人、銀行、證券管理機關或稅務機關）提供有關企業財務狀況的訊息；而管理會計的功能主要是提供公司內部經營決策所需的資訊，如生產成本、銷售、物流等方面的分析結果，以幫助管理者擬定營運計畫、制定預算目標、評估經營績效、控制成本和優化業務流程等，基本上包括成本管理、風險管理與績效管理三個部分。

相較之下，管理會計不是「帳房先生」在追求精準數字的財務報表，而是在滿足客戶使用財務報表的目的，肩負有數據分析、風險防範和資訊溝通的重任，憑藉數據中獲取的洞察協助各部門業務夥伴運用報表去預測未來、管理風險、提高價值創造。尤其是現今AI的發展已經能替代人類處理大量、重複、可被事先定義、有規則性的作業，而管理會計則涉及資訊的運用、分析、判斷、溝通、計畫及預測，這些才是機器人無法取代的。

這意味著財務會計人員不再只是企業最末端的核對及記錄單位，而是需要走到前面去從活動「一開始」就參與其中，通過數據洞察業務的變化，扮演一個主動支持、協助的業務合作夥伴角色，與營運部門一起制定和評估目標，與各作業部門共同解決問題，成爲公司內部的溝通橋樑，而非只是記錄交易或拿著數據報表說故事。

內部控制的概念——知其然，知其所以然

良好的經營和管理是組織長期成功的要素，完美的業務計畫及市場戰略仍需要仰賴有效的管理機制來執行和監督才能實現最大價值，前面幾個章節談的都是公司經營活動中的會計紀錄觀念，接下來這裡要介紹的是公司管理活動中對會計紀錄結果的分析與運用，如前所述，數據分析、風險防範和資訊溝通是財務人員的重要價值及管理責任，那應該怎麼做呢？我認爲內部控制的概念最能闡述公司管理過程的全貌，因爲內控架構提供了完整思路邏輯，從確定目標、分析風險、到幫你找出作業重點、溝通問題、追蹤成效，而財務分析的目的也是透過數據找出影響目標達成的因素跟風險，然後對症下藥，原則是一樣的。

所以在這裡介紹內部控制的觀念，在台灣，公開發行公司都被要求必須有完整的內部控制度，並且設置直接向董事會報告的獨立內部稽核單位定期檢查該控制制度是否被有效遵循，可見其對公司治理的重要性。內部控制是源自1963年AICPA發布「會計對財務報表的審查」所做的定義，最初只是要求減少與防止錯誤及弊端發生，到了1988年美國審計公報又把內部控制定義爲「爲合理達成組織目標而建立之一切政策與程序」，而組織的目標是什麼呢？對公司來說有以下三項：

1. 確保營運的效率跟效果，包括獲利、績效及保障資產安全等目標。

2. 遵循法令、政策、程序，包括公司法、稅法、證券管理法、勞動法、商業會計法、環境安全衛生法還有公司內部的作業程序、流程……等。
3. 可靠的財務資訊報導。

怎麼樣來建立有效的政策跟程序來達成這三大目標呢？美國COSO委員會提出了內部控制的5大組成要素：

1. 控制環境：指的是組織的願景、內部權責分工、經營觀念、目標設定及衡量，是塑造組織文化、影響員工執行控制制度成效的基礎。經營者的經營風格及管理哲學、董事會及監察人的關注及指導都是影響控制環境的因素，控制環境的良窳會影響企業經營者的其他內部控制活動，所以也是其他四大要素的基礎，不同的產業，控制環境也不相同。例如，迪士尼樂園的經營目標是「製造歡樂」。在遠流出版社出版的《基業長青》一書中提到迪士尼用獨特的訓練語言來灌輸員工融入迪士尼樂園的文化，即使是停車場負責秩序的保全人員都不例外，員工就是「演員」，顧客是「觀衆」，每一次換班都是一場新的「表演」，工作是你的「角色」，工作說明則是「劇本」，制服是「戲服」，人事部門負責「徵選演員、分配角色」，值班時是「上場表演」，下班則是「在後台」。「我們付你薪水，是請你來微笑的。」是每個迪士尼員工學到的第一件事，這種特殊語言把迪士尼的核心目標透過新人訓練潛移默化到員工的工作日常而不只是口號，更塑造出迪士尼鮮明的企業形象，相信大家一想到迪士尼，腦中一定也浮現出熱鬧歡樂、手舞足蹈的畫面，心情也跟著愉悅起來。

2. 風險評估：指的是辨識影響目標的達成風險，衡量風險的高低。風險可能出自外部或企業內部，像是原料物價格攀升、競爭者新技術超越、政府的法令規範改變、匯率變動、戰爭、天災或內部決策錯誤、監督系統失靈、產業季節性變化等；企業經營者必須透過控制活動的進行，時時分析所處產業環境、認識有哪些可能的風險，並且採取相應的防範方法。
3. 控制活動：企業在評估完可能發生的風險後，接著就是去控制風險，透過設置作業流程、辨識控制重點、明確權責劃分來避免潛在風險或降低損害的方法就是控制活動。
4. 資訊溝通：正確、即時的資訊與分析是有效決策及溝通的基礎，相較於控制環境是內部控制制度其他四要素的基礎，一般認爲資訊與溝通則是串聯整個內部控制制度的骨幹。這裡指的資訊可能是來自內部像是財務報表、銷售統計也可能來自外部像是市場競爭、價格波動、法令變化，而企業內外部溝通管道必須暢通，資訊才能有效傳達、政策才能有效推行。
5. 監督：就是隨時對既有的內部控制制度做評估並查核其執行情形，一旦內外在控制環境改變就必須做出調整，內部制度、程序執行未落實或出現錯誤必須及時檢討改善，以確保政策跟程序有效執行，最終可以達成目標。監督的單位依目的不同，有來自外部單位如會計師事務所或政府機關，也有內部單位如內部稽核、各部門單位主管或跨單位作業銜接的核對審核，都可能負有監督的功能或任務。

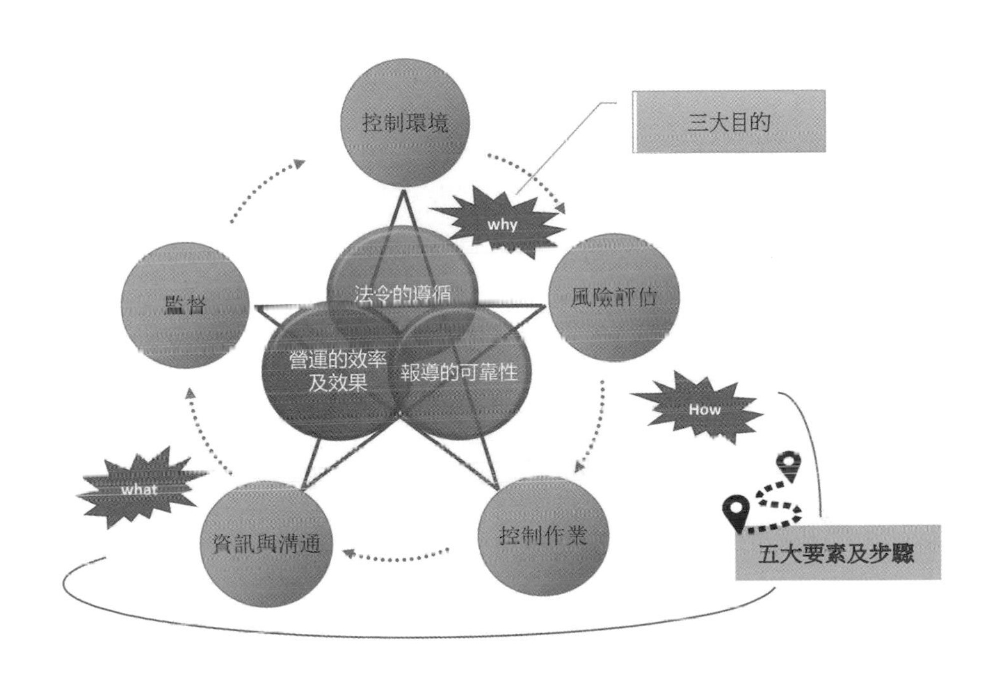

圖11-1 內部控制的觀念架構

內部控制制度的執行實際上就是管理執行的過程，重點在於執行的人有沒有意識到每個作業最終的目的是要達成什麼效果。

以電子產品存貨管理爲例，因爲電子產品技術更新快速所以產品生命週期短、市場需求變化快，存貨呆滯造成損失的風險相對就較高，那我們要怎麼做來降低風險呢？我們必須依據產品製程時間及供貨條件制訂各類庫存合理週轉天數標準，及時根據客戶需求變化調整生產計劃或原物料採購計劃，定期檢視有沒有過多的採購訂單以便及時取消或調整，針對已經生產而無法銷售的庫存需要跟客戶要求承擔呆滯的成本，而我們用什麼機制跟工具來有系統地進行這些控制程序呢？我們可以召集業務及生產單位定期檢討庫存周轉率及庫齡報表並與產銷計畫比對分析，一旦發現有呆滯風險就可以及時採取行動降低損失，並且把存貨損失的風險反映在財務報表上，這樣做至少滿足了前述內部控制（以下簡稱內控）三大目標中的兩項：即營運的效率和效果、可靠的財務報表表達；這是一般公司普遍都會實施的存貨管理機制，但是有沒有達到想要的效果呢？這取決於在整個內控作業執行中的每個角色有沒有具備專業的敏感度並且掌握到自己職責該有的控制重點。

舉個我過去工作中發生過的例子，有一次我剛接管一個部門，發現有一筆客製化設備存貨掛在帳上超過2年了，當我問到如何才能出貨收款時，財務單位沒有人能說得清楚，但是又告訴我他們每個月都有在跟催業務單位預計出貨進度，並且馬上找出了郵件給我看，郵件的對話是這樣的：

- 財務問業務：這筆呆滯存貨處理進度如何？
- 業務把郵件直接轉給客戶：我們家財務在催了，請回復。
- 客戶回復：前任主管已離職，之前的訂單我們公司已經在內部系統取消了，我們的財務說，沒有採購單不能付款。

看完這事不關己、毫無行動力的形式對話，就不難了解問題出在哪了，很明顯的，溝通與監督都沒有執行到位，於是我召開會議問財務人員複核存貨呆滯報表（excess and obsolete inventory report）的目的在哪？靜默5秒後，終於財務經理回答：因爲每個月結帳要評估帳上提列的存貨備抵損失是否足夠；接著成本會計人員回答，因爲要跟催前端、追蹤跟客戶求償的狀況；最後，另一位負責財務分析的同仁回答，因爲要評估有沒有損失的風險；這些回答聽起來似乎都沒錯，但回答的身分角色錯了，目標也不明確。財務經理回答的是基本會計人員該做的事，成本跟分析人員雖然提到跟催及風險評估，但只做了表面文書作業，沒有採取進一步行動，都只是照本宣科而且劃錯重點。對應到前面內控的五大要素來看就是控制活動（權責劃分不明確）、溝通（與業務、客戶的溝通流於形式、無積極行動）、監督（程序執行無到位、未見檢討）都執行不力。

分析和跟催的目的是爲了採取更進一步的行動，而行動的目的是爲了解決問題、減少損失、達成目標。財務經理該做的應該是透過跟前端檢討存貨庫齡及產銷計畫的機制，推動各部門協調溝通以預防或降低庫存過剩或呆滯的發生，卽便發現存貨有過多時，也要及時積極採取補救行動，促使相關單位取消採購、調降生產或跟積極客戶索賠，能做好這些就能降低呆滯風險，風險低了，財務部門對於備抵損失的計算跟入帳反而不是重點，更重要的是我們要能夠運用這些資訊去預測未來、管理風險跟提高獲利，所以要清楚自己手上工作任務的目的，知道爲什麼要做這件事，才能把握住重點，發揮財務人員的價值。

在這AI發展的時代，很多工作訓練機器跟電腦來執行可以更有效率又不容易出錯，身爲人類的你如果只知道「做什麼」與

「怎麼做」，很容易被機器人取代，只有知道「爲什麼」才是解題的關鍵，才能舉一反三，流程裡面的每一個步驟設計都有它的原因跟目的存在，只有清楚了每個任務背後所賦予的目的才能扮演好自己的角色發揮功用。

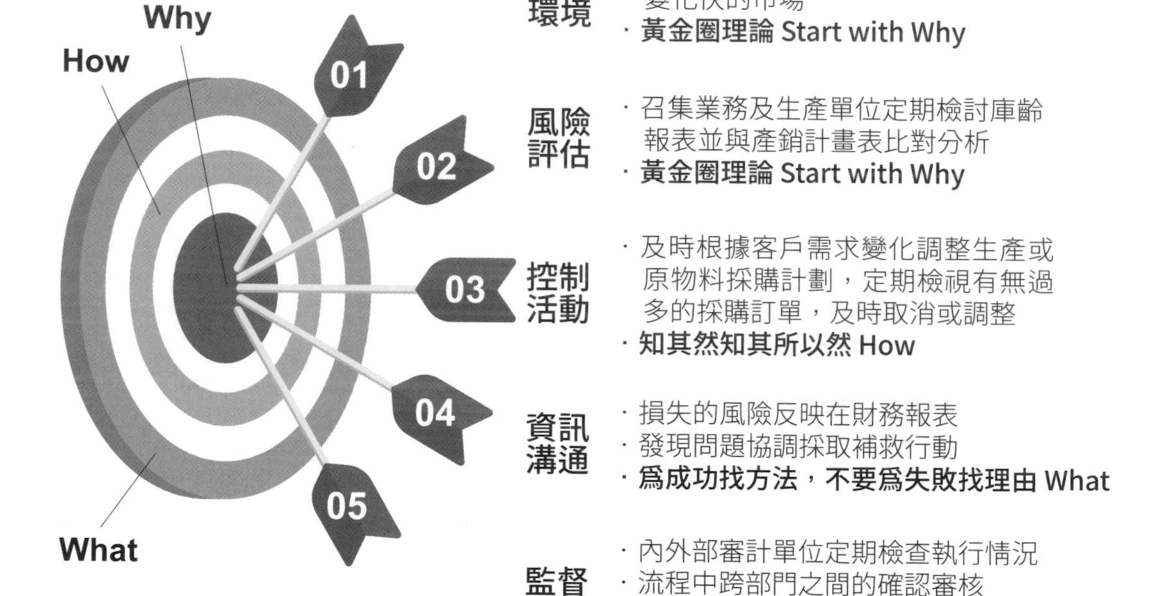

圖11-2 黃金圈理論運用於內控執行（以存貨管理爲例）

內部控制在人生目標管理的應用
——為成功找方法，不為失敗找理由

內部控制制度雖是基於企業管理發展出的工具，但這些原則應用到個人的生活和工作中的目標管理也是不謀而合的。接下來，我們來談談如何運用內控的原則來對自己的人生做管理。

1.控制活動——知其然、知其所以然

內控的觀念提供了基本架構及思路邏輯，知道目的是什麼，知道影響目的達成的主要風險在哪裡，才知道作業流程的控制重點應該放在哪裡，才知道控制活動的執行、問題的溝通檢討該專注在哪裡。

小學的時候大家應該都寫過一篇作文「我的志願」，因爲小學生對自己還不夠了解，對社會還不夠認識，聽到的志願多半是醫生、科學家、總統、太空人等偉大但對大多數人來說遙不可及的夢想職業。過年的時候有人會爲自己訂下新年新希望，例如減肥成功、升職加薪等，但可能年復一年都還是同樣的目標，因爲那對你來說並不是最重要的，所以一直只是個希望。工作職場每年要設定績效考核目標，是不是常讓你想破頭，因爲對自己的工作想要達成什麼樣的成就沒有期許。想要的東西可能有很多，但不可能事事都如意，必須找出最重要且可行的。

Simon Sinek在他的書「Start with Why」（中文譯爲「先問，爲什麼」）中提到多數人習慣從比較清楚的事開始做，把模糊不明確的擺最後，所以我們很容易忙碌於黃金圈外層的「做什

麼」與「怎麼做」，卻忘了「爲什麼」。你可以套用黃金圈理論start with why的思維邏輯習慣，來確立自己眞正重要的目標。思考自己想要成爲什麼樣的人，想過什麼樣的生活的同時，先問自己「爲什麼」想要達成這個目標？這個目標能爲你個人或家庭的生活帶來什麼好處？要達到什麼程度才能滿足需求？不斷問自己爲什麼的過程中就會發展出數個想要追求的目標，分別落在不同的生活領域或不同的人生階段，這些目標可以是職涯目標、財務目標、健康目標、家庭目標等等，透過目標的設定，可以幫助我們更好地規劃及控制自己的行動和人生各階段中的決策。

通往目的地的方法有千百種，哪一種最適合你呢？有一次下班正値交通尖峰時間，在台北搭計程車趕著搭高鐵，我告訴司機大哥，時間有點緊請他幫忙開快一點，他隨卽在大街小巷不停地穿梭著，察覺到我一直盯著前方的路不放心的樣子，他才開口說：你有沒有注意到從剛剛到現在我經過的路都沒有停等紅燈？在台北開車這麼多年了，我會預先算出下兩個路口是紅燈還是綠燈，如果是紅燈我就轉其他路，這樣就可以避開所有紅燈，節省很多等待時間，你可能覺得有點繞路，但絕對比你預期的時間更早到達。

在人生的不同階段，基於不同的目的，追求不同的目標時，應評估自己所面臨的風險和挑戰，檢視自己所處環境、自己的能力、條件、行爲習慣，同時考慮各種外來無法控制的風險，如疾病、意外、財務風險等，分析哪些因素會影響目標的達成，才能選擇對的路徑、制定相應的措施來減少失敗的風險。用Why確立目標後，下一步再評估哪些情況可能會阻礙目標的達成，哪些

資源或工具能有助於目標達成，接著再逐步思考How and What該怎麼做來規避阻礙目標達成的風險，能做什麼、會做什麼，來逐步往目標前進，黃金圈理論用中國人的語言講其實就是「知其然，知其所以然」。

2.資訊溝通——爲成功找方法，不爲失敗找理由

資訊與溝通是串聯整個內部控制制度的骨幹，溝通管道暢通，訊息才能有效傳達、政策才能有效執行，所以溝通是解決問題的必經之路，接下來，我們來談談溝通問題、應對問題的習慣。

2.1 問對問題—— How and What 取代Why

雖然設定目標或執行任務前先了解「爲什麼」很重要，但如何有效果的問清楚「爲什麼」才是更重要的。在問爲什麼的時候，注意要有技巧，不要讓別人誤會你是在質疑或者拒絕，我在會計師事務所工作時看過一個狀況，當時我是一個小小的初級審計員，正坐在外面開放式的辦公區編寫著財務報告，會計師從辦公室匆匆走出來對著鄰桌的高級審計員同事說：待會跟我一起去拜訪一個新客戶。通常跟會計師拜訪客戶是坐在獨立辦公室的經理級以上主管才有的待遇，審計員是不太有機會參與的，所以鄰桌的審計員同事直覺反應問了一句：爲什麼找我？只見會計師深吸一口氣冷冷地回答說：不用你去了，我找別人。當下，這同事直接被打入冷宮還一頭霧水，頭上滿滿問號 Why？原來會計師以爲他問爲什麼是不願意去，心裡想，我找你去拜訪客戶是給你機會學習，居然還問爲什麼，不想去就算了。

很多情況下，「爲什麼？」是用來問自己的，是自己跟自己的對話，不是拿來直接問別人的。如果那位同事當時問的是：客戶需要什麼，我要先準備什麼資料嗎？我想結局肯定不一樣。

有一本書叫《QBQ！問題背後的問題》，雖然是在講「當責」但也傳達了很重要的溝通思維邏輯，在溝通的時候問對問題很重要，然而聽懂問題也很重要，看到原始問題背後的目的，再提出更好的問題，才會引導我們獲得更有效的結果。

下面再舉幾個問問題的例子來比較兩種不同的提問思維：

2.1.1 出貨進度落後時，可能有人會說：「爲何別人可以一周交貨而我們不行？」這時你可能聽到一堆理由，但這不能解決問題；如果我們問：怎樣做可以一周交貨？是不是大家就會直接把重點放在「如何做」能加速出貨？

2.1.2 檢討烘焙材料成本偏高影響獲利時，可能有人會說：「最近雞蛋市場供不應求，蛋價節節升高，把利潤都吃掉了。」這聽起來像是抱怨，不能改變什麼；但是如果我們說：整體產品材料成本率較去年增加10%，對利潤影響極大，爲了維持競爭優勢，產品成本必須降低15%，我們可以怎麼做？是不是更能夠引起行動思考？

2.1.3 在審核費用報銷時，發現憑證不合規，如果你通知對方：「沒有發票，不能報銷。」你可能又是聽到一堆理由；但如果你說：沒有發票證明不能報銷支出，如果仍要報銷，必須說明原因並取得單位最高主管特別核准，對方是不是就知道該怎麼辦了。

2.1.4 在審核資本支出時，發現投資成本太高，如果你跟前端說：「這設備太貴了，不划算。」對方可能就回報他老闆：「投資申請又卡在財務了，他們說回報率太低不准投資。」但如果你的回覆是：這投資回收時間低於公司期望，如果可以降價15%就有機會；你給他一個明確的方向，他會先去努力談降價或者找更低成本的替代方案。這是一個眞實的經驗，那是個節能設備投資的案子，投資評估申請放在財務經理手上幾天了一直沒見送上來，我隱約感覺到申請單位對我欲言又止的眼神，忍不住問財務經理：這個投資案你看完有什麼意見嗎？他回答說這個設備金額很高，算出來的投資報酬率偏低，有要求申請單位去談降價，但給了幾天的時間，申請單位都回覆價格降不下來，而且因爲設備是按公司生產環境及產能情況規畫的，所以也沒有市場價格可比較合理性，他覺得投資案不會通過才壓著不送上來。我看了他的成本效益分析數據後，直接告訴申請單位，根據公司的投資回報率標準，這個設備採購成本如果可以降低15%，就可以達到公司要求的標準，投資案核准的機會就很高；出乎我意料之外的是，我給了這個目標後，隔一個工作天前端就回覆供應商同意降價15%了，雖然我不知道這降價是怎麼談成的，也很好奇，但至少我們要的目標達到了。

找方法VS. 找理由

How / What	Why
How：怎樣做可以一周交貨？	Why：爲何別人可以一周交貨而我們不行？
How：成本率較去年增加10%，對利潤影響極大，爲了維持競爭優勢，產品成本必須降低15%，我們可以怎麼做？	Why：缺蛋導致蛋價節節升高，把利潤都吃掉了
What：沒有發票證明不能報銷支出，如果要報銷，必須說明原因並取得特別核准	Why：沒有發票，不能報銷
What：這投資回收時間低於公司期望，如果可以降價15%就有機會	Why：這設備太貴了，不划算
正面思考～How and What取代Why	提問的最終目的是行動～重點不是原因，而是如何去行動

圖11-3 有效行動的提問思維

2.2 應對問題——從Why轉換成How and What

提問的最終目的是採取行動解決問題，我們問的問題，不同的問法，會使對方有不同的感受，產生不同的效應，所以建議多採用正面思考的語法：以How and What 取代 Why；同樣的，在聽取別人的意見或問題的時候也盡可能把問題從爲什麼轉換成How and What的思路來回應；聽懂問題，問對問題，溝通才會有效，問題也才會有答案。

有個朋友負責SAP系統導入的工作，系統導入後執行長問她：「爲何已經導入SAP但財務會計部門都沒有減少人力？」她心裡面眞實的回答是：因爲SAP系統要求輸入更多的資訊而且報表不易客製化，很多報表需求只能轉出原始資料另外由人工編製，工作並沒有減少，無法減少人力。但是她很清楚知道講這些原因老闆是聽不進去的，她來問我：該怎麼回覆執行長，才能讓他相信導入SAP眞的不可能減少人力。她把問題的重點落在「如何讓對方相信不可能減少人力」。我告訴她，導入SAP既然是公司整體評估後所做的決策，而且決策已經執行了，你現在去告訴執行長眞的不可能減少人力，然後呢？是想打臉公司的決策還是想證明你很了解SAP或是爲員工捍衛工作權呢？

執行長身爲公司高階管理層，負責方向領導，一定是期望這個國際品牌系統的導入能爲公司帶來效益，而你這回答只會落入解釋失敗理由的框框，沒有任何改善提案或行動，對公司的人力成本或績效改善是沒有幫助的。想想看減少人力最終的目的是什麼呢？是藉由人力的減少來降低成本，而降低成本的目的是什麼呢？正向來說就是提高經營績效及利潤，而根據我們前面學過的會計觀念，提高利潤的方法不是減少成本就是增加收入，利用既有資源提升效率及品質，把多出來的時間及資源投入更有價值、更有效益的工作來增加產能及產值就能增加收入，也是方法之一；所以換個角度思考，減少人力不一定是裁員，把執行長問題背後的問題轉換成：「導入新系統後該怎麼做可以提升價值、增加利潤？」把關注重點轉換成提升價值而非侷限在裁員，解題的思路是不是更寬廣呢？而且如果員工知道導入資訊系統是要節省人力，肯定會有反抗心態而不會把系統應用到極致，相反的，如果他們理解系統化之後，可以把時間投入在更有附加價值的工作上或有更多時間來提升自我專業技能，效果肯定不一樣。再者，大多數的人在受改變或新事物加入時，都只記得接受而忘記捨去，導致工作越來越多，忽略了某些工作已經因爲新作業的加入可以被替代、捨去，就像衣櫥裡的衣服，舊的不捨去，新的買進來，永遠覺得衣櫥不夠大。

凡事都有正反兩面，系統資料輸入的增加，就表示系統可以取代過去人工核對資料的作業，沒有客製化的報表，但是有完整的資料庫，可以開發其他的工具來對接整合，管理資訊的取得及應用可以更多元。身爲負責做事的員工，最主要的責任就是實現及實踐領導者的期望，重點應該落在因應新系統的導入該怎麼樣（How）運用其資訊完整的優勢、該做什麼（What）在相關作業流程或分工上做相應調整來優化流程、增加每項業務產出的附加價值進而節省成本、提升效益。

理解問題的角度如果可以更寬廣，解題的道路也會更寬廣，選擇也會更多，換個思維從正面的角度面對問題、思考問題，才能夠找出更有建設性、更有行動力的答案。所以在面對問題時，爲成功找方法，還是爲失敗找理由，會得到不同的結果。

2.3 以合作取代辯論，影響取代說服

財務人員在公司內部經常扮演監督預算、審查支出的角色，不時會聽到前端說最難搞的內部客戶就是財務，常常不了解實際業務變化的狀況就只會督促績效目標，只要看到成本太高就要求我們解釋「爲什麼」，要求很嚴格常常挑毛病。怎樣避免這樣的抱怨？

想想看你去參加一個問題溝通討論的會議，你是帶著什麼立場跟角度去的？如果你是站在自己的角度，只想著說服別人同意你的想法，那麼你是帶著一張嘴去打仗的，是去辯論的；如果你想的是去排除困難達成共同目標，那麼你是帶著眼睛跟耳朵去了解問題，是去合作的；再想想會議溝通的目的是什麼？溝通的目的是爲了解決問題，而上面哪一種情況較能獲得正面善意的回應來達成目的解決問題呢？

只有先站在不同的角度了解對方的問題，讓對方感覺你不是來辯論而是來合作的，你得到的方案或給出的答案會比較有影響力，較易讓別人接受。

不管在家庭、在職場或社會上，生活中的決策、各項活動的進行或面臨問題時都不免需要他人的認同或協助，需要與家人、朋友和同事或甚至自己進行溝通，有效的溝通習慣跟正面的應對思維可以幫助你更快獲得答案取得共識，更有積極作爲，並建立有效的人際關係。

3.監督——走錯路及時回頭

我在會計師事務所擔任審計員時，曾經把一家上櫃公司的營建事業部的營業額在查核後調整成負數，因爲該公司有幾筆銷售建案應收帳款帳齡過長，經過查核詢證判斷客戶已斷頭（違約無法支付帳款），以前年度已經認列的銷售收入已經無法實現而必須迴轉，損益表上負數的營業額對一家公開發行公司的股價絕對有很大的負面影響，當我把這個查核結果告訴受查客戶時，對方的財務協理怒氣沖沖的指著我大罵，「爲何去年沒查出來，現在才說。」嚇得在一旁的財務副理趕忙解釋：「去年不是她查的啦！」我當時只是個審計菜鳥，受氣驚嚇的同時，腦中浮現的念頭是雨果的語錄：「被人揭下面具是一種失敗，自己揭下面具是一種勝利。」，身爲一家公司的最高財務主管，對於自己公司的財務報表、營運狀況應該比我這個一年只出外勤拜訪公司兩三次的外部審計人員更清楚才對，對於有問題的銷售案件沒有如實反映在財務報表上只有兩種情形，一是刻意隱瞞，不想揭露不佳的營業結果；二是內部管理疏失、人員敏感度不足沒能辨識風險及時反應。但不管是哪一種情形，都應該面對自己的問題，先內部自我檢討才是。外部審計人員只是基於查核發現的事實提醒公司對財務報表做允當的表達，怎麼反而怪罪給予協助的人呢！

你是否常常有類似的經驗，一早進辦公室打開電腦要處理計畫好今天要完成的事情，結果跳出幾封新郵件就一則則讀了起來，甚至開始回覆郵件，中間一通電話進來聊著聊著又去處理別人的問題，卻忘了一早原來要做哪件事了。書讀累了想去喝個水，走動一下順便讓眼睛休息，走到廚房打開冰箱看到餅乾卻拿出來坐在客廳吃了起來順便看了電視。日常作業如此，更別談我們對自己設的新年新希望或五年計畫了。

出社會工作後，我們都只記得要升職加薪，要賺大錢，這是目標之一，但背後一定有我們藉由這個目標更想追求的理想：給家人跟自己過更好的生活、出人頭地、環遊世界、讓自己在這個世界上留下點什麼……。但結果可能是爲了賺大錢熬夜、應酬、加班、出差，錯過了陪伴家人的時光、身體搞壞了、朋友變少了、退休時沒體力旅遊……到後來發現跟原來想要的結果不一樣，才發現目標的順序重點搞錯，走錯路了。當有一天，走著走著覺得困惑，忘記要去哪裡或離目標越來越遠的時候，記得停下腳步，跟自己對話或問問身邊的親人、朋友，回頭看看自己出發時的願望清單，回顧一下自己是不是還在原來想走的道路上，就算偶而錯過也還來的及改道。

不管是個人職涯或者生活的道路上，需要不斷地檢視反思自己的行爲和決策，並評估其是否有利於自己的成長和發展。家人、朋友、前輩和同事的意見也可以幫助你更客觀地理解自己的優缺點；虛心接受別人建議、列出反省清單正視自己欠缺的地方、觀察別人是否有值得自己借鏡或學習的地方，隨時檢視角色轉換，了解自己獲得什麼，錯過什麼，隨時做調整改變。只有自己敢去正視自我的人，更清楚自己想要什麼、欠缺什麼，更清醒知道自己的人生道路及目標。

●你用怎樣的方式審視自己的生活？生活中有許多本身忽視的問題，是否應該好好重新審視並修正？

不知道你看完這本書後有沒有得到一些收穫呢？會計這門課程在大家的既定的印象中是枯燥乏味的，但是原來像極了生活！有人覺得生活辛苦沉重、庸庸碌碌過一輩子不知爲了什麼？也有人的生活就是燈紅酒綠、紙醉金迷、及時行樂。但是只要我們用心生活，對身邊的人、事、物多點關心，多點思考，那麼我們也可以把日子過的津津有味，意義非凡！就像表面枯燥的會計學其實內涵豐富的人生哲學一樣。

國家圖書館出版品預行編目資料

超實用生活會計學，怎麼學校都沒教？／蕭志怡,
水水合著.　--初版.--臺中市：白象文化事業有限
公司，2024.7
　面；　公分
ISBN 978-626-364-289-8（平裝）
1.CST: 會計學
495.1　　113002481

超實用生活會計學，怎麼學校都沒教？

作　　者　蕭志怡、水水
校　　對　蕭志怡、水水
發 行 人　張輝潭
出版發行　白象文化事業有限公司
　　　　　412台中市大里區科技路1號8樓之2（台中軟體園區）
　　　　　出版專線：（04）2496-5995　　傳真：（04）2496-9901
　　　　　401台中市東區和平街228巷44號（經銷部）
　　　　　購書專線：（04）2220-8589　　傳真：（04）2220-8505
專案主編　陳逸儒
出版編印　林榮威、陳逸儒、黃麗穎、陳媁婷、李婕、林金郎
設計創意　張禮南、何佳諠
經紀企劃　張輝潭、徐錦淳、林尉儒
經銷推廣　李莉吟、莊博亞、劉育姍、林政泓
行銷宣傳　黃姿虹、沈若瑜
營運管理　曾千熏、羅禎琳
印　　刷　基盛印刷工場
初版一刷　2024年7月
定　　價　240元